为什么要自我实现

车建新 钱旭东◎著

中国经济出版社
CHINA ECONOMIC PUBLISHING HOUSE
·北京·

图书在版编目（CIP）数据

为什么要自我实现 / 车建新，钱旭东著.

—北京：中国经济出版社，2019.12

ISBN 978-7-5136-5514-9

Ⅰ.①为… Ⅱ.①车… ②钱… Ⅲ.①人生哲学－通俗读物 Ⅳ.①B821-49

中国版本图书馆CIP数据核字（2019）第266756号

项目策划 王雪娇
策划编辑 崔姜薇
责任编辑 焦晓云 王骏雄
特约编辑 项 侃
封面设计 八牛设计

出版发行 中国经济出版社
印 刷 者 杭州长命印刷有限公司
经 销 者 各地新华书店
开 本 700mm × 1000 mm 1/16
印 张 19
字 数 200千字
版 次 2019年12月第1版
印 次 2019年12月第1次
定 价 38.00元
广告经营许可证 京西工商广字第8179号

中国经济出版社 **网址** www.economyph.com **社址** 北京市东城区安定门外大街58号 **邮编** 100011
本版图书如存在印装质量问题，请与本社发行中心联系调换（联系电话：010-57512564）

目　录
Contents

生命体验

下　篇

后 记

推荐序

开启内心来发现一个不同的轨迹

管理大师、《第五项修炼》作者　彼得·圣吉（Peter M. Senge）

中国的企业家正在让中国发生改变，也开始让世界发生改变。自古至今，中国在商贸领域一直富有创造力。近十年来，中国成为世界第二大经济体；中国文化孕育的成功企业不仅在中国，而且已经走向世界。阿里巴巴的上市也毫不夸张地揭示了一点：在创新和创业领域，中国企业家正成为全球企业家的榜样。

但是，企业家的内涵究竟是什么？他们的创新究竟属于哪一类？

多年前，我的老师南怀瑾先生曾说："中国没有企业家。"我疑惑不解地问他："中国各地的私营企业正在爆发式增长，为什么说没有企业家呢？"他回答说："在中国传统文化里面，企业家是胸怀天下与社会福祉之人。而现在，大家只是为了赚钱，所以没有真正的企业家。"

南老师的话让我思考良久。我意识到，这种现象当然不仅仅发生在中国。现代社会大家普遍的心智模式就是：赚钱，成为传奇式富豪，就是企业家的驱动力。但其实我总是感觉，这个理解过于简单、苍白。

多年前，在DOT-COM互联网泡沫正值巅峰的时候，我的好朋友、战略策划专家C.K. Prahalad，为了近距离观察这些投资行为，从密西根搬到了加州。一年以后我问他，这些创业者的动机是否都是为了成为传奇富豪。他回答说："对于那些平庸的创业者，是这样。但我调查的所有'连续创业成功者'（已经创立多家成功企业的创业者）都有一个共同的动机：他们要改变世界。当然，他们还相信，当他们成功改变世界的时候，也会赚到很多钱。"

所以说，南老师的话里包含两个问题：其一，企业家的真正含义是什么？其二，影响今天社会变革的创业者是如何转变心智模式，开发自己的深层愿力，以增进人类生命福祉为原动力的？

我认为，车建新先生在《体验的智慧》中的反思和分享，可以帮助我们面对这些问题。

表面上看，建新的经历和中国许多成功的创业者的经历一样。从25年前木匠出身的建新，到今天创立了一百多个大卖场，市值达600亿人民币的红星美凯龙家居连锁董事长，在四分之一世纪的时间里，建新的生命被企业增长的需要驱动：企业快速发展，自己辛劳工作。但是，这期间的某个时刻，一种内在的觉知呈现当下，建新意识到：外在的发展经历同时也是内在的成长历程，红星美凯龙也是自己修身成长的道场。于是，建新开始了内观与反思。

很久以来，建新对员工一直有一种深切的责任心，比如十多年前就为员工提供有机食品。他在公司文化中提倡：在物质进步的同时，要有情商和精神的提升。他认为，个人的成功不仅仅体现为财富的增加，更体现为人格的成熟和成长。

期待建新的书能够帮助更多企业家找到内外兼修之道，把创业看成个人修身的道场。迄今为止，很少有真正的创业者把修身当成神圣的追求，这其实是个悲剧。建立和发展一家企业，是要亲手负责许多人的生命福祉。不好的管理者会让许多人痛苦不堪。好的管理者能够激发员工的深层愿力，使员工在做好自己本职工作的同时，还能成长为好的父母、配偶、朋友和社区领导者。我们在职场度过我们人生很大一部分的生命时光。好的管理者知道自己身上担负的精神发展的责任，就是不仅要完成业绩，还要让员工成长。成功的企业不仅创造就业和客户价值，还可能建立一种为大家所认可的、有尊严的工作和生活模式。

南老师所说的心怀更美好社会愿景的“真正的企业家”，应该涵盖这些方面的内容。这与时尚流行的“社会责任”或其他抽象的概念无关。“真正的企业家”是建设能够让生命状态变得更好的企业的基石。

建新这本书揭示，自我反思的能力是进入这种修身之道的门径。知止而后有定。停下来，静下来，才能反思：反思自己的思想，询问自己的动机，觉察自己的欲望和恐惧。

我们每个人无一例外都是习惯的产物。习惯造就我们的思想、情绪和行为，而我们自己却几乎无法察觉。东方思想认为，这不只限于今生今世，因为它还来自我们“先天种子”的业力。印度思想中，这种深层习性叫作善司卡斯（sanskars），那是我们灵魂深处的深刻痕迹。但是，痕迹虽然很深，却并非不可改变。因为它只是“痕迹”，并非我们的本性。几乎所有修炼传统都承认这个基本思想。而转变习性的修行道路，就在于发愿承诺、耐心精进、百折不挠。

佛法和大多数修炼传统一样，认为个人修行并非只是为了自己的利益，而是为更大的生命，为众生服务。修行发愿就是这一思想的体现。南老师说，很多人虽然认真发愿，却不能坚持修行。在愤怒和恐惧中，我们会很快忘记自己曾经发愿决心帮助他人和众生。坚持修行的实践能力，要从“警觉的心”开始培育，不断培养柔软的慈悲爱心，化解坚硬的嗔心。这个修行的可能性，是从觉察嗔心和恐惧开始的。反思就是觉察力的修行。智利著名生物学家马图拉纳说：“我们只有通过反思，才能改变历史。”

建新的书告诉我们，工作繁忙的企业家也可以建设反思的能力。希望其他企业家也能这样做。企业家将改变中国和世界的未来轨迹。过去西方的轨迹是金钱、消费和物质主义，未来中国和世界的轨迹会是什么？是否应该回归人类社会深层的智慧传统？这是我们今天都要面对的严峻课题。答案目前还是未知。但是我们知道，不同的轨迹只能通过开启我们自己的内心来发现，只能通过像建新这样的反思修行来开启。

如此，社会中就会出现真正的企业家领袖，他们就是管子、孔子、墨子等古代中国先贤描述的“修身成人”的社会领袖“仕者”，如儒家名言：学而优则仕。

2014年秋分

麻省理工学院MIT、索奥SoL

自 序

为什么要自我实现

车建新

76年前，世界著名心理学家马斯洛在他的《人类动机理论》中，最早提出了人的五个需求层次，并把这五个层次归结为金字塔式的构成，从塔底的生理需求（食物、性、空气等），依次上升到安全需求（人身、健康、工作、财产等）、归属需求（友谊、爱、归属等）、尊重需求（社会、他人及自我的认可等），最后到塔尖的自我实现需求（责任感、发挥潜能、实现理想等）。这一理论产生了广泛而深远的影响。

但马斯洛当年调研的对象都是公众人物与历史人物，以及20名“成长良好”的大学生，才得出自我实现者在全体人群中只占1%的比例的结论，因此这个论述放到今天来看，还是有一定局限性的。人为什么要自我实现？在此，我想谈几点我的自我实现的认识论和方法论，也是我对人性观察与思考的真切感悟。

当下中国在呼唤人的自我实现

首先，在中国特色社会主义理论体系的引领下，改革开放激荡四十年，当下中国已经迈进小康社会，到了追求美好生活的时代，而远非马斯洛提出“需求论”的时代了。20世纪40年代，世界处于两次世界大战的阴影之中，人们极度缺乏安全感，物质匮乏，文明程度和社会产出都很低，精英人士必然少。而如今，我们温饱的生理需求已经解决，随着法制建设、经济保障、社会保险等体系的健全，人的安全需求基本得到满足，尊重需求在儒家文化人格平等的思想基础上不断进步……可以说，现代人的前面三项需求基本得到满足，应该有20%的人可以放心大胆地去追求尊重需求和攀登自我实现需求的“塔尖”。

其实，我们古代的“修身、齐家、治国、平天下”“立功、立德、立言”“穷则独善其身，达则兼济天下”“青出于蓝而胜于蓝”等论述，就提出了中国式的自我实现需求。如今，个体的自我实现需求更是社会所需、时代所需，满足尊重需求和自我实现需求就是要历练成才，而人才济济才能实现中华民族伟大复兴的中国梦。

生命的意义和任务在于要求人自我实现

一个人到世界上来一趟实在不易，每个生命都是伟大的。我认为，天不生人上之人，天也不生人下之人，生命的意义和任务在于要求人自我实现。

有关生命的意义和任务，我总结了四点：一是创造生命的条件，父母把你生下来，你就具有了生命的基础，然后你就要在工作中创造生命所需的物质，从解决温饱开始，到对美好生活与品位生活的追求，提高我们的教育层次，争取更多游历世界的机会。二是证明生命的价值，就是积极主动地展示你的潜能，创造出价值，赢得社会和他人的尊重与认同，获得成就感。三是认识世界、了解未来。老人家常说，人活着就是来见世面的，当我们经历了、了解了，并产生了自己对世界独到的认知和感知，生命的意义才存在。四是体验人生，体验生命里丰富的酸甜苦辣、“九情九欲”，就像吃过很多苦之后再品味幸福，浓度就有百倍效应。特别是当你拥有了成就感，再去了解人类历史过去的五千年，预判未来的五千年，其感受的高度和宽度则迥然不同。

自我实现的历程是一种宝贵的财富。人能感知到物质幸福、情感幸福和精神幸福这三种幸福，而它们恰恰都只能通过自我实现来获得。缺乏精神生活的情感是低级的，但没有高审美物质的情感也是没有品位和情趣的，人的情感离不开具有美的情境和意境的客观环境。人必须拥有成就感、智慧、体验和德行，才能拥有精神生命，才能自我实现。

“九情九欲”里有自我实现的巨大能量

2000多年前，人们只知道以“喜怒哀乐”这四个字来代表人的“三情一欲”，之后近千年，儒家、佛家和医家都将其概括为“七情六欲”，但这种说法并不全面。鉴于当下人性情感体验的复杂程度远远超出了古人的设定，我对此做了一番梳理。从2005年始，我从儒家、佛家、医家的论述中重新定义“七情六欲”，并把“七情六欲”升级为“九情九欲”，增加了“二情三欲”。剖析人的因素，我归纳为喜、怒、哀、忧、悲、恐、憎、爱、善之九情，与生、食、色、舒、知、诉、利、名、征之九欲。“九情九欲”是人生命的“供应链”。如果说人的身体中有五脏六腑，那“九情九欲”就是人的精神“脏腑”，它们在人体的整体运行中相互补充、相互成全、相互交会，而自我实现恰恰是人心理与生理的互动需求。

我观察过几十种动物，分析出动物的“九情九欲”只能达到人类的百分之一或千分之一。我认为，人不是猿变的，人就是人，猿就是猿。远古人代代都是用四肢爬着行走的，地球的引力把他们的鼻、嘴、眼皮、额拉长了，胸、肚子也拉大了，但他们只是像猿而非猿，把人当成猿是错误的，因为猿没有“九情九欲”嘛，所以“九情九欲”是人类特有的基本的心理动态和生理要求，是人性的基础，因此我把它作为马斯洛“需求层次论”的必要补充。情是人的情感表现，欲是人的生存、享受与好奇、好胜的需要，情与欲属于“心”与“身”两个联系密切但又不同的领域。情可以生欲，欲也可以生情；欲的满足需要情的投入，而情的愉悦也有赖于欲的满足。“九情九欲”是人最基本的性格形成因素，更是人生命的能量。我认为，情感就是自我实现的母亲，而欲望是自我实现的父亲。

一个“九情九欲”不完善的人，他的自我实现就会有局限和障碍。“九情九欲”运营能力强的人自我实现的可能性就大，而自我实现又可疏解人自身情与欲的冲突。

譬如，我们老话里有“母以子为贵”“养儿不胜父，等于没生儿”“人穷被人嫌、志短被人弃、儿差母被骂、父差儿被欺”之说。欣赏与羡慕是人的天性，自古美女爱英雄，女人的潜意识里都会欣赏有本事的男人；孩子也会羡慕别人有能干的爹妈。男人对各种需求尤为强烈。因此一个成功的男人，心中就一定要有一个让他牵肠挂肚的女人、一个让他咬牙切齿的对手、一个让他感恩戴德的贵人。人的五个层面的需求，其实都隐藏在“九情九欲”里。

名欲、利欲是人自我实现的直接驱动力。名是一种表现欲，又是一种炫耀欲，即想要在人群中争强好胜，显示自己的独特性、权威性，并获得他人尊重和爱的欲望。品牌变成名牌，上升的就一个字；打造个人品牌，就是提升人的名望。名是人的精神追求的寄托，很多发明创造，其动力几乎都源于名。儒家文化讲礼仪，就是讲面子，面子就是名。佛家文化之所以把庙宇的空间和雕塑都要扩大几倍，营造出庄重、威严、正义、正气、慈悲的氛围，也是为了正名。皇帝的宫殿和龙椅要搞得那样高大雄伟，那样神圣，就是通过仪式感让名具象化。当然，许多人还追求千古流芳的传世之名，一时之名是虚名、浮名，今天的名叫暂时之名，明天的名才是本质之名，将来的名才是长久之名，身后的名才是永恒之名。

利实际上是为名服务的工具，对于企业来讲，它就是参与商战的武器。钱少是步枪，瞄得再准，一枪只能打一个；钱多就是核武器，一炸一大片。有了名，可以干成许多事，名小做加法，名大做乘法。名可以让你赚更多的钱，利又会把名不断放大，让价值产生价值……

再像情欲（色欲），也是可助你自我实现的潜在能量。动物界的公鸡、蜘蛛等都是在本能的激发下，去战胜对方赢得雌性的好感。人是一种高级动物，比普通动物的欲望要高级得多。人类不仅能接受信息、感受信息，还能因接受信息而感动、激动、冲动，并能把欲望发展到情感和理智的高度。假如你希望赢得一位高贵女性的青睐，就先想要让自己变得优秀，你就会改变自我、完善自我，在得到对方恋情的同时实现了自我价值。欲望还会拉动欲望，把一个欲望拔高，就会跟进另外的欲望，怒、憎的情强了，必然增加征欲；情欲（色欲）强了，名、利的欲望也自然俱进。为什么几乎所有的文艺、影视作品都少不了爱情的元素？因为它在激发人对情爱和美的追求与创新、创造的能力。所以说，九情九欲的诸多因素又会催生与升级人的自我实现。

人的欲望也分层次、等级，“九情九欲”中你把哪种情和欲体验得多、发挥得多，距离哪个需求层次就越近。在此，我要特别强调一个“转换论”，即尽量让负情绪切换成正能量，人的自我实现能力的差别也体现在情绪的转换能力上。在此举个案例：早些年我们有个竞争对手，为人夸张，经常会使用一些不正当手段，做的广告也很夸张，由此我对他特别不感冒并越来越愤怒、憎恨。但怎么办呢？我想，只有自己更勤奋刻苦，用征欲挑战自己，战胜对手，因为怒和憎也是内心的一个“能量区”。如今看，我不仅完全战胜了对手，还远远超越了对手——这正是由于我利用了“九情九欲”的转换功能，把生气、恨这些憎、怒的因素变成了征欲，激发了我和团队的斗志。

当然，还有一种大憎，更能激发所向披靡的征欲。抗日战争时期，悲观者从忧、恐、悲一步步发展到哀，认为民族要灭亡了。但毛泽东领导的抗战队伍就成功地将憎、怒、征的正能量抵消了那些负情绪。优秀的将军，通过悼念、祭奠牺牲的战友，把对战友的爱转换成对敌方的恨，形成了英勇杀敌、不怕牺牲的凝聚力，最终赢得了胜利，所以人性欲望释放的力量是惊人的。

再举个例子，由于我们企业近年来发展迅猛稳健，创造的业绩与展现的愿景让一家竞争对手非常紧张，极其恐慌，但这家企业在求生本能的驱动下，反被我们拉动了发展，忧、恐等因素使得对方发奋图强，目前他们也得到了良好的发展……

对于压力较大的现代人来说，诉欲的满足也十分重要。诉其实就是想要把自己的见闻、想法、感受等告知别人，并获得他人的认同。人通过诉说、倾诉，可排解内心因失去、挫折带来的忧、恐、悲、哀、怒、憎等负情绪。这也是心灵的一种自我化瘀法。同时，诉又是人际情感交流的渠道，因为语言有心理情绪释放的功能，如果与人分享成功、成就的喜悦情绪和智慧等，会得到对方的认同与好感，满足自身的归属需求，并增加亲情、友情的黏性。作为企业的管理者，我向来非常重视员工的诉欲，除了每天都会安排一对一的沟通外，还经常通过各类会议，让员工讲案例、谈感悟，听下属的诉求，让诉成为归属感与尊重感的体验。

人的一生总是在九情九欲的激励、催化、纠结、困扰中，或斗志高昂，或颓废沮丧，或功成名就，或一事无成。人类之所以成为“万物之灵”，就在于有九情九欲的燃烧导致人生的折腾与升华。因此我要大声呼吁：我们的大学课堂里应该设置这门“九情九欲”的学科，它的平衡可以化解社会矛盾，还能帮助我们研究人、了解人性，让我们更好地读懂《社会心理学》和《消费心理学》，对做好组织管理、人力资源等工作大有裨益，它不仅能促进人的高智商、高情商，它的开发与营运更潜藏着人自我实现的巨大能量。

自我实现的“四步跨越”

存在主义哲学认为，人是未完成的，是一种可能性，是一种潜能。人到这个世界上是干吗来了？我曾经总结了十六个字：认识世界、体验人生、实现成就、萌生智慧——这是人自我实现需求的原点，也是人“自己行动的总和”，这个总和包括下面的“四步跨越”：

第一步，自我设定——人必须解决一个最原始的追问：我是谁？其实每个人都很伟大，有了自己才能看到世界，有自己才有世界。认为自己是能干的，认为自己是优秀的，自己就会变得能干和优秀，所以设定必须先打破设限。自我设定也就是人生规划，哈佛大学和斯坦福大学的跟踪研究都证明，只有明确自己未来要做什么样的人，才能达到最顶端的自我实现。人若有志，万事可为。

英雄情结与梦想的自我设定非常重要，人的心胸是被梦想撑大的，而征欲是人九情九欲里的天然本能。设定成为英雄那样的人物，你就会有血性，就会按照英雄成长的轨迹去实现自我。“征”是人身上一种积极的、勇敢的欲望，表现出来的是激情的挑战。征欲强的人心态不一样，他们有路就可以走过去；如果没有路，就开路；如果遇到山，就钻山洞；如果山太高了，那就爬过去……因为“征”能让你的心脏燃烧，让你的血液沸腾，“心胜”就一定能胜，背水一战，超越对手就有3倍的能量。怎么才能把血肉之躯打造成精神之躯？靠的就是征欲这个助推器。征还是一种释放，会让人大脑敏捷，在险中看到有利点，就能对冲、抵消哀、忧、悲、恐这些负情绪。什么是血性？就是易怒、要征服。征欲具有转换憎与怒的正作用，能让你在拼搏的过程中创造成就、实现自我。

第二步，自我开发——这是方法论的方法论，关键要改变心智、开发思维模式。我讲过六种思维：利弊思维、结果思维、剖析思维、求本思维、联想思维和假想思维，还可以加上求异思维与扩散思维，这是自我开发的核心。

自我开发来自好奇心、求知欲的带动。求知欲是人的天性之一，小时候事事好奇，长大后就是对知识的渴求，再到对智慧的探寻。许多成功人士，童年时满足好奇心的途径就是听故事，然后在故事的激励中立志，长大了就会自我开发，努力去成为故事中的英雄人物和优秀人物。求知欲也会让你剖析事物的真相，找到事物的本质，帮助你战胜由于无知造成的忧、恐，把握好追求名、利的度，更会让你在自我开发中具有“掘地九尺”（剖析三个层级）的精神，每天至少要问三个为什么。过去我们说掘地三尺（剖析一个层级），现在远远不够，你要比他人多一点儿智慧，就必须掘得更深，一定要用求知欲把这棵树的根和须都掘出来。

自我开发必须把自己的设定拔高，做事要比别人多付出30%的精力，重要的事甚至要投入300%的努力，特别是学会以活在情境当下的专注即时体验和即时分析。即时分析是能力之王。我们每遇到一件事情，首先要预演分析，然后即时剖析，找到事情的因果关系，推理事情的逻辑；事后还要反复地思考、分析利弊、展开联想，然后再打磨；一段时间后，还要重温上述过程。一件事情不是思考或分析一次就结束了，而是要不断地去思考。重大的事更要不断地思考、联想1～6个月，甚至一年。那我的思考法是从哪里学来的呢？记得11岁时我住在村上的同学家里，同学家是放牛的，我在牛棚里就观察到，牛吃草的时候总是一直在吃，不停地咀嚼。当时我很好奇，就去问同学的爸爸，他告诉我牛有四个胃，牛见到草会先猛吃，等没草吃的时候，再把胃里的草反刍出来，慢慢地嚼碎，再吃下去。当时我就觉得这对自己的思考有很大启发，所以今天我们工作中的思考也要这样，遇到事情要猛抓、猛记，过后再像牛吃草一样不断地咀嚼、琢磨，重要的事必须强迫自己记下来，反复记，并让文字的记忆变成硬盘储存，这样大脑才可以清空，有更多空间来思考新问题，才会冒出创新之念。

除了分析与思考，各种学习、不断努力、做强技能等，都是自我开发的具体落地，让自己由聪明变得更能干，艺高人胆大。总之，无论你是为家族光大门庭、继往开来、寒门崛起，还是为国家强盛贡献自己的才华，为民族振兴立功立德，自我开发都是自身潜能不断释放的过程，更是每个人必经的心路历程、成长历程。

第三步，自我完善——其实也就是自我挑战。我们要不断挑战自己的舒适区，利用九欲中的名欲和利欲促进事业心、责任心，去战胜自我设定的舒适欲，先苦后甜，战胜困难。做到每天进步一点点，下一次比这一次做得更好,并时时反省、即时纠错、步步为营,再一次次地突破自我、超越自我、征服自我,把人生的跳杆不断地抬高,跳过去。人没有天生的好命,只有后天的搏命。

自我完善的过程,就是匠心精神之所在:一是用心,二是细心,三是一丝不苟,四是精雕细琢,五是精益求精,六是追求完美,七是追求极致。能真正做到这七条,是很了不起的。我们的企业文化里有一条:做好千万件小事必能做大事,人的自我完善就是每一点小业绩、小成绩的积累。我们的商场经理,或是从事其他行业的人,都可以通过自我完善来达到自我实现。

第四步,自我成就——自我实现需求最核心的价值就是拥有成就感,成就感是人的引擎,这个引擎是人实现自我的原动力。因为自我设定有高、中、低,成就当然会有大、中、小。可以是达成低层的自我设定的小成绩,也可以是达成高层的自我规划的大成就,但千万不要忽视自我的小业绩。先通过学习,拥有了知识;通过能力,拥有了舞台;有了业绩,拥有了成就感,萌生智慧;然后再学习,拥有更大的舞台,发挥更大的能力;有了更大的业绩带来更大的成就感,有了更大的业绩,产生更大的成就感……于是我们更自信、更热爱、更热情、更有激情、更有感觉。小业绩萌生小智慧,中业绩萌生中智慧,大的、大大的业绩萌生大大的智慧。成就感的累积是智慧不断生成的营养剂。

成就感才是"高峰体验"之上的自我实现

马斯洛在《动机与人格》一书里讲到,如果某一个优势需要A仅满足10%,那么对B的需要可能还杳无踪影;而当需要A满足25%时,可能只需要B显露出5%；当需要A满足75%时，也许需要B显露出50%，即根据层次递增。之后，马洛斯还在“超越性动机”里提出了极端快乐的“高峰体验”概念，但他对成功人士成就感论述的缺失是一个遗憾。在我看来，达到上面的“四步跨越”，会满足人生真正的“高峰体验”的需求，而拥有成就感才是“高峰体验”之上的自我实现，因为求知欲、征服欲与成就感才是真正的幸福感。

再把成就感放到“九情九欲”中来看，只有拥有成就感才能达到人生升华的境界，也可以说拥有成就感才会有真正的爱和善。一个拥有成就感的人，肯定是对工作、事业充满热爱的人，也肯定是善于付出的人，特别具有爱的能量的人。成就感的幸福体验又会让他奉献和收获更多的爱，包括爱情之爱、亲情之爱、友情之爱、事业之爱，并上升到对国家、民族、社会的大爱。爱比被爱往往更具幸福感，当你爱上一个事物或一个人时，其实那一刻你是最幸福的。

善就是仁爱之心、怜悯之情，善是一种付出，更是一种获得。拥有了成就感，就会有更多更大的资源与实力去积善行德，去帮助别人。成功的人感知能力特别强，自我实现后必会感恩，感恩之心便是善，善的背后又是尊重，人被社会和他人尊重，就有了尊严，自信就会增强，成就就会更大，就更能体验到助人的快乐。这个乐，又会带动喜，因为喜是看到别人幸福快乐，自己也快乐的情。智商高的人通常喜欢微笑，有胸怀，且大气，愿意坚持，愿意付出，这样就会拉高情商。

自我实现是一个让自己的人生从模糊到清晰的过程，一个把可能性逐步变成现实的过程，因为它不仅让你拥有了成就感和智慧，还让你在工作中不断修行，由此完成从质量生命到精神生命的飞跃。反之，人即使活着，那也是精神上的残疾。伟人、大师与大家、精英们都有自我实现，区别在于实现的舞台不一样，发挥自己潜能的程度不一样，自我超越、自我实现、拥有的成就感不一样，当然萌生的智慧也就大不一样。

“高峰体验”之上的智慧是什么？我认为是不断循环的成就感积累所萌生的超乎一般智慧的“叠加智慧”，以及叠加智慧中迸发出的高端智慧，是智慧的快乐心流，是人精神生命的精华。

一切智慧皆来自体验

车建新

一切智慧皆来自体验——这是我40多年的人生里最为深刻的感悟，也是我下决心完成成长、生活和生命这三次哲学访谈的初衷。

现在许多人，尤其是年轻人，都来向我讨教所谓成功的秘诀，可我觉得自己实在是一个平凡的人，没有什么特别之处。但人家不相信，以为我不肯讲，于是我逼自己用心去思考这个问题。

我想，如果说我今天的事业算得上成功的话，那完全得益于我长期对生活对工作用心地进行观察、分析、解剖、总结、想象、联想等，概括起来就是两个字：体验。

对工作与生活的体验，用体验积累的智慧再去体验工作、体验生活。也可以说，是体验伴随着我的整个成长过程和人生阅历的增加。

几年前，我出差去了一趟新疆。从乌鲁木齐到库尔勒乘飞机只要45分钟，坐汽车要5个小时，但我还是坚持坐车去，因为我想看看路上的风景。接待我们的人说，两边全是不毛之地的戈壁滩，没什么好看的。我说看戈壁滩也好啊！行进的途中，果然什么都没有，除了石头，还是石头，原来戈壁滩就是一片荒漠。当经过天山时，我突然感觉惊喜来了——这里不是“火星”吗?

那一刻，我眼前那些不十分陡峭的小山坡，不那么尖的山岩，分明是火山喷发后残留的遗骸，而且伴随着一种快被烤焦的感觉……我大呼：“这就是火星！我们到了火星啦!”车速时慢时快，我顺着那个节奏半躺下来，看着天空，看着岩石，更有穿行于火星的感觉，因为视线过于集中，把周围的公路等景物全都虚化掉了。同时，我在不断地联想：其实这个地方同火星是一样的，火星同地球也差不多，都在围着太阳转，只是地球多了氧气。不一样的还有温度与引力，其他可能都一样……我还联想到了天文学家曾经描述的：埋在土星环里的都是冰块，如北极一般。其对火星表面一片贫瘠的评价，真与我当时的体验毫无二致啊!

我对同行者叙述我的体验，他们说：“车总，你真会想象。”我说，可以开发一条叫“火星之旅”的游线，山石林中设置那种下面铺了轨道、两人座的“探月车”，一节一节的，转来转去，时上时下，让更多的人来体验火星之旅。

这就是体验的力量。

体验不仅能提升人在平凡生活中的智慧，还可使更多需求得到满足。体验真是个宝贝，我们要认识体验，更要善于体验。

人为何物?说是高级动物并不精确。人是智慧的动物，更是希望的动物，其所有的智慧都是经体验而得。其他动物为什么没有智慧?因为它们不会体验，或者说根本就缺乏体验的功能。就论最原始的本能，同样是食，动物无一例外只会生吃，而人类由果腹充饥发展到有了丰富的美食文化；同样是性，动物只是交配，而人类可以演绎出浪漫爱情……在我看来，这个巨大差别的秘密，就是体验的功能。

十分可惜的是，现在很多人并不重视体验，甚至让这一功能关闭了、退化了，那怎么还会有智慧的产生呢?

我曾有个大胆的推测：人并非猿变过来的。人是人，猿是猿。以前听说过的那叫类人猿，本质还是猿嘛。即便是，也应该是类猿人。这是因为我研究了人的七情六欲（我现在还提升了“二情三欲”，成了“九情九欲”，书中会一一详述）。尽管猿也会直立行走，也会使用工具，但它除了本能，至少“九情九欲”不可能完整吧，也就更不会有智慧的体验。

所以，对于“九情九欲”的感知能力，正是人类特有的智慧功能，是特别需要珍惜的，也是人的创造力的基础。

我是个“求本主义”者，也是“联系主义”者。什么是“求本主义”? 就是寻求生活的本质，分析事物的根在哪里。体验的智慧才是人的本质。

那么，体验的本质又是什么? 我觉得它是一种个体与世界上人、事、物的联系，是活在当下的标志，是进入情境中的视觉化的思考。

当然，关于体验的具体内容，书中除了专门章节的阐述，还会在多处涉及，在这篇序言里，我只想先同大家分享一二，因为它们是我开始这次访谈的精神基础与缘起。

首先我要讲一下，在我真正开始思考生活哲学的命题时，我经历了一次亲情追思的体验。我想起了我的父亲、母亲，甚至我的祖父、祖母，是他们把生活的接力棒交给我的，这根接力棒上写着艰辛与智慧，我捧着它创业直至今天，所以我一定要把我这些感悟献给他们，作为最好的回报。

我祖父是随其祖父流浪到我现在的老家常州市金坛的，凭着他的勤劳勇敢，在那里扎根下来。我父亲9岁那年，祖父因伤寒症离开了人世。听我的姑姑说，祖父临终前全家人都抱在一起痛哭，觉得天都要塌了——这可能是我的家族史上最惨痛的一幕，但也是兴旺的起点。成了寡妇的祖母，靠着她的坚强，不畏欺负，不怕艰难，带领全家走出困境，并且在生活中悉心教导孩子，让我的父亲不仅正直而且有智慧。

父亲那时没有条件读书，12岁就开始外出打工了，成年后很快成了一名技术瓦匠，后来还成了一些项目的负责人。他对我最大的影响，就是喜欢在工作中动脑筋，搞点创新发明。譬如说，他砌的灶头，不仅拔风性能好，还会特别增加一个充分利用灶火的余热加温的热水颈管。而我母亲的巧干，可以说是我创业之路上的照明灯。她每天下田干活从来没有空担，去时将猪灰带到田里做肥料，收工正好担回庄稼或土块……可惜她积劳成疾，48岁就过世了。2003年，与病魔顽强抗争了13载的父亲也撒手人寰。为此我写过一篇文章《父亲母亲：我成长、成材的根》，不光是为了思念故人，更是一种体验，一种创业精神的体验，现在我有责任把这体验传承下去。

事业其实并不是一代人就能完成的，而是需要代代相传，而这种传承源于对家族精神智慧的深入体验。

最后，我应该说一说本书的成因与完稿，这也是一次合作互动的体验，是漫谈中形成的生活文化之旅的体验。

钱旭东先生是一位创意策划人，我的好友，也是我直接的下属，集团高级顾问，但我更愿意把他当成我的文化老师。20多年前与他的结识，是因为他的一篇文章，燃起了我对文化的浓厚兴趣，并由此把文化融进了企业的发展战略和经营管理之中，把文化之爱融进了我的生活和生命。

说实话，认识旭东前我读书并不多，拿到一本书也总是急着要把它翻完，而正是在与他经常性的交流切磋中，我开始享受阅读的乐趣。现在，一天连续看七八个小时的书，我也毫不厌倦，要是一天不读书，反倒觉得缺了什么似的不踏实。学习的体验，我真的感觉是在“同许多智者对话”。小时候，听到“书中自有黄金屋，书中自有颜如玉”的话，总觉得那不是真的，如今我已体味到它的深意。

书读多了，感悟自然就多，再加上我自身创业实践的无数体会，于是我们日常的交往大多是各自心得的交流、分享与对接。我总觉得他是个另类的文人，在艺商之间有通感。尽管我俩的出身背景、人生阅历和脾气秉性反差很大，但我们对工作、生活和文化的许多看法，竟有如同一人般的默契。所以，有一天当我提出我们共同来完成《体验的智慧》一书，以让更多朋友参与体验时，他欣然接受了。

值得一提的是，本书的创作过程，本身就是一次非常愉悦的体验过程。我俩或是茶余饭后的闲聊，或是结伴航行在云端神侃，又或干脆在游泳池溅起的水花中交换灵感……总之，我们关于成长、生活和生命哲学的访谈，完完全全是在生活情境的体验中完成的。

所以，对于此书，读者也千万不要正经八百地专心去看，你可以在烦躁地候机、候车时，在漫长旅途的闲暇时，躺在床上但尚无睡意时，甚至在给浴缸放水或者泡脚的时候来看，总之在“生活着”状态下的阅读体验效果更佳。

你还可以这样：当其中的若干篇章引起了你的共鸣，渗入你的意识了，那就可以把这些章节撕掉，一年下来你再看看这本书还剩下多少页，也许这些正是我们要在以后不断修正和重新思考、体验的。还特别希望你能将阅读本书的体验发给我，让我们更好地学习和互动。(体验专用邮箱：cjxtiyan@chinaredstar.com)

被称为“复旦的尼采”的张汝伦教授说过：“在哲学深处，体会到的是一种个人成长、走向成熟的感觉。”

成长的过程，就是生活在每一天的体验过程，在体验中，人才会产生最高的境界——智慧生命。生活是美好的，而生活的哲学只有靠体验才能感受得到。生命是灿烂的，但需要经过智慧的体验才能领悟到。体验才能进入情境，在情境之中才能进入情感状态，才是活在当下。

愿所有的读者朋友，尤其是青年朋友，一同来分享体验的快乐和体验的智慧。

上　篇

成长体验

开篇　只有体验能激活大脑吗

钱旭东(以下简称“Q”):什么是生活?生活是一门学科,更是一门艺术。未经思考和体验的生活是不值一过的,只能说是生存而已。

车建新(以下简称“C”):生存不是生活。生命是你在不在,而生活是你好不好。

人的肉体生命是一种客观存在,只能叫生存,像动物那样。人有大脑、有思维,所以会思考、体验。思考怎样活着,体验怎样活得更好。要靠体验去激活大脑,使其更加发达,这才能称之为生活。

什么是成长?何谓成功?成长到成功唯一的途径就是学习与体验,所有的人在体验中都是学生。成长感不是别的,它只能存在于成长的过程之中。

Q:我们东方的张道陵道长最早运用“学生”一词,指的就是“学习如何生活”。对生活的认知是本体论，对生活的体验是方法论，这二论是哲学的核心。

C：对成长思考什么？思考的过程就是认知的过程。体验是感知，也就是感受加认知。认知了，就会有所悟、有所得。悟到生活，或者说成长与好的生活是要有很多方法的。也可以说成长这门学科，还是有许多技术的。这些方法或技术可以学习、借鉴，也可以交流互动，更可以帮助你增强和深化“体验能力”。积累起来，就成了成长的哲学，也是生活的哲学。

我的体验是我的哲学，凡是善于体验的人都会有自己的哲学。当然，还可以体验别人的体验，从而丰富自己的体验。

我不仅每天在体验，而且可以说是每时每刻都在体验。体验的过程中，每当自己有些感觉，或是有些灵感时，我就会把关键词随手记在小纸片上。有时手头没纸，干脆就写在自己名片的背面，在路上，或晚上回家临睡前还会拿出来，对着它们再思考。这很有趣，也很有用。

这里讲个例子：我出差去北京，前些年常住离商场不远的世纪金源大酒店，从房间到商业街门前，基本上总会碰到那两个轮岗的保安。渐渐我发现，他俩的习惯完全不同。当你进门时，一个是一动不动，很严肃的样子；而另一个则非常勤快地为你开门关门，还微笑着向你问候为你指路。这就引发了我的思考：他俩谁更辛苦呢？答案肯定是前者。因为前者根本不在情境之中，呆站着不动更吃力；而后者不仅可以在活动中缓解疲劳，更重要的是他在交流与体验，他的大脑就不是麻木的……

通过这样的体验，人才会觉得自己是在生活中，生活得有质量。现在，我把自己的体验归纳、整理出来，同大家分享、交流、互动，这过程本身我也当成一种体验。

我希望自己成为一个终身体验者，因为体验才是不断学习、不断成长的过程。若干年后，我争取有更多更好的体验心得，再与读者朋友交流。

Q：有人说，一个人的成长取决于心灵是否充盈饱满。而内心充盈饱满正取决于你对生活的体验程度，和对目标的清晰认知。

C：哈佛大学对一群智力、学历相似的人进行了25年的跟踪调查。其中3%是有清晰且长期目标的人，大多成了顶尖成功人士；10%是有清晰短期目标的人，大多成了专业人士；60%是目标模糊者，能安稳工作生活，无特别成绩；27%是无目标的人，经常失业，生活动荡。最后这群人，其实正是因为缺少对生活的体验与认知，以致他们的大脑处于未被激活的状态。

我们这一代人，大多生于20世纪五六十年代，那时父母只知教给孩子知识，而不知道关心孩子的体验。而现在，是一个“体验的时代”，互联网最大的价值也就是让用户体验嘛，况且还有3D、4D的体验。所以我要大声疾呼体验之重要，尤其对于年轻人和孩子们。不懂体验、不会体验，生活的意义一定会减少，未来也必然无法生存。

通过对生活本质更好的认知，对成长之路更多的思考，并由此养成体验的习惯，让大脑时刻被激活，相信不久你就会改变很多，不仅是生活的状态，甚至你整个人生的成长。

什么叫体验？就是心（思）一定要与事、物在一起，然后产生情，大脑就如录像一样产生记忆。体验的方法，我想有四种：一是活在当下，在情境之中；二是想象＋模拟＋触摸；三是在面对行为、面对事物时发生的心理感受、感觉；四是思想、精神层面的触动、互动与交流。

前几年，我又去了趟法国，到了一个叫阿尔勒的艺术小镇。小镇很有品位，我入住的那家酒店也非常有感觉，我当即决定住两晚，好好地体验了一番，感觉像在那里生活了两个月一样。这种想象的体验产生了倍数效应，就像做梦，其实是潜意识的想象，也是呈倍数递增的。

去新地方，学新知识，做新事情，交新朋友，萌发新创意，体验新娱乐、新运动，都可以激活兴趣、快乐与智慧。工作中也一样，平时不深入一线，心中就无神灵；平时不进行调研与尝试，就不可能有创新。

生活的过程是体验每一天，积累每一天——从今天起步，体验就是从生存变生活开始的。会体验，其实也就是我们通常说的会过日子。

你体验到了，就会开始享受精神生活。

出发点决定你的未来

Q：运动员的起跑有出发点，人生的成长与成功也是有出发点的。你多次提到“出发点”这个词，可见它很重要！

C：先讲一个故事：

一匹母马生下一对双胞胎小马，这两匹小马很快长大可以独立生活了。有一天，马哥哥毅然走出村子，跟随主人去西天取经；马弟弟却舍不得离开家园，决定留下来拉磨。十年过去了，马哥哥行走了十万八千里终于取得真经，披红戴花衣锦还乡。马弟弟呢，非常不服气：这十年来，我终日在一个屋子里转着拉磨，一步也没少走，累得憔悴不堪，什么好处也没得到,你却得到那么大的荣誉,于是终日纠结在哀怨之中。

可以看出来了吧,出发点决定了人的未来,选择决定了长度,正所谓看多远,走多远。

我这里说的出发点,不是指外部的环境和条件,是指一个人做事之前的心理准备、思维方式和价值取向。实际上,也就是做人的基本原则、做事的基本态度,就是每个人心智模式中的基本点,也是一个人命运的起跑线、成败的分水岭。

人和人最大的差别究竟在哪里?就是出发点。

Q:那么,成功者的出发点是由哪些元素构成的呢?认识出发点,才能进入情境、进入世界。

C:第一是自尊、自信。认为自己是有用的人,自己是世界上重要的一分子,把自己当成主角。

有了坚定的信念,哪怕是很普通的人,也能做出惊人的事业来。不管做什么,自信是一个人最可靠的资本。美国奥组委心理组前主席、《秘密》作者丹尼斯·魏特利说:“如果你相信自己,你可能会成功;如果你不相信自己,你肯定会失败。自信是让我们成功的原动力。”自信能帮助人排除各种障碍、克服各种困难,自信是成功最大的保障。看不起自己、把自己定位过低,往往是失败者的出发点。失败者往往认为,财富、成就、荣誉等都是老天留给一些特殊的人的,他们这一辈子不可能拥有,或者是迷信谁的命好,谁的命差,谁的运气好,谁的运气不好。正是这种自卑自贱的心理,阻碍了他们能力的发挥。

西方哲学家尼采说过:“高贵的灵魂,是自己尊敬自己。”中国五千年文化，也很讲究人格平等。你不尊重自己，也不会尊重别人。一个人如果过分卑微，拿什么去尊重别人呢？

Q：一个运动员如果在起跑时就不想拿冠军，那他肯定跑不出好成绩。

C：对，第二是自信不自大、谦虚不自卑。

谦虚，意味着有自知之明。而自知之明，正是自我认知的出发点。谦虚的核心在于实事求是，在于对自己有清醒而正确的认识，能够清晰地辨别自信和自大。

自信的人，可以与环境、与他人进行良性互动，依据客观的反馈，不断修正和完善自己。而自大的人，总是自我感觉良好，如果有什么东西破坏这种良好的自我感觉，他们不是根据这些迹象去修正自己，而是拼命去消灭这些迹象。

第三就是敢于负责，不依赖。现在许多大学生害怕毕业，许多职业经理人缺乏主角意识，其实背后就是害怕承担责任，有依赖的心理。我们必须面对问题，对事情和自己负全责，这是通往成功的唯一途径。

依赖心理，是一个错误的出发点。在思想上，表现为不主动、不动脑筋、没有主见；在行为上，表现为推诿、懒惰、退缩，而且松懈、麻木、缺乏斗志和激情。在家依赖父母，就长不大；工作上依赖领导，成长就慢。

人生就是一个不断面对问题并解决问题的过程。问题可以开启我们的智慧，激发我们的勇气。为解决问题而努力，我们的思想和心灵就会不断成长,心智就会不断成熟。

Q:依赖的本质就是“混”,习惯依赖的人往往习惯归因于外,也常因此而一事无成。

C:第四就是实事求是。对个人而言,实事求是意味着不虚妄、不夸大,听取真话,捕捉真实的信息;对团队而言,就是要真实、简单地沟通和处理事情。如果层层虚报,叠加浮夸和隐瞒,最后的信息将严重变形,搅乱对事物本质的认知。所以我说,不实事求是,阳奉阴违,就是最大的腐败。

我们越是了解事实真相,处理问题就越是得心应手;对事实了解得越少、越模糊,思维也就越模糊、越混乱。

第五就是有梦想、有目标。我们生来就是为了解决问题、达到目标而存在。没有困难要克服,没有目的可达到,我们在生活中就找不到真正的满足和快乐。梦想和目标是出发点的出发点,它的基石就是事业心。

梦想与目标还不太一样,梦想是宏观的,甚至是虚拟的;目标是短期的,是梦想的具体化,时间跨度通常是1～3年,稍长一点的是愿景。愿景,就是根据自己的能力和资源描绘的图景,是通过努力能实现的目标,时间跨度通常是3～10年。梦想则是10～30年,梦想是人生的战略,目标是人生的战术。有梦想没有目标是空想,有目标没有梦想,就缺乏大方向。星云大师讲:“人生最美好幸福的事是心中有一盏明灯。”这盏明灯就是人生的目标!

第六就是先苦后甜。这是一个价值观的问题,不贪图暂时的安逸,重新设置人生快乐与痛苦的次序:首先,面对问题并感受痛苦;然后,解决问题并享受更大的快乐。

养成了吃苦、勤奋的习惯，在苦的时候就会看到甜的希望，才有勇气和力量坚持下去！当然，成长与成功的出发点还包含其他元素，诸如积极、踏实、诚信、自律、正义、坚持、乐于助人等。

Q：有出发点才会找到自己真正喜欢的工作，并产生激情，才会具备先苦后甜的价值观。那不同的人生阶段，出发点会有变化吗？

C：依照我个人的成长经验，出发点不是一成不变的，它会随着人生境遇的变化而变化，随着思想境界的提升而提升。我大致把它分为三个阶段：初级出发点——自我认知；中级出发点——人生信条；高级出发点——生命格局。

先讲初级出发点。我刚走上社会时，出发点就是“要让自己当一个有用的人”，不想依赖父母，只想利用好家庭、朋友的资源，为家庭赚钱，想把事情做好，有事业心，有责任心，有正义感，先付出，超过别人……

中级出发点呢，当我个人有所突破、事业有所成就时，就把自己当成世界上的重要一分子，越来越有目标，为自己争荣誉，为家族争荣耀……

再讲高级出发点，也正是我现在的出发点，这是放大的生命格局：我要打造一个卓越的企业组织，帮助更多人成功；打造一个中华民族的世界商业品牌，以产业报国为己任；我要做一名学者，用思想去影响人……

Q：没有出发点，就丧失了基础，当然就没有未来，到头甚至不知自己为何物。

C:你今天的样子肯定是你昨天努力的结果,你明天的样子,则是你今天所选择的结果。不思进取,比疾病还可怕。相信自己,用好自己,就是你拥有智慧的第一步。出发点是能量加速器,是能力孵化器。好的出发点可以激发人的潜能。出发点又是生命的指南针,帮助你把握正确的定位与方向,使你始终行进在正确的道路上。它还是人生大厦的根基,决定了你人生可以建设的高度。出发点,更是一个准确的预言,尚未出发,高下已判,胜负已定。

一个人喜欢看历史,还是预判未来?一个人喜欢评论,还是研究事物?一个人喜欢后悔,还是重新开始?一个人喜欢依赖,还是勇于挑战?不一样的出发点,不只是产生不一样的阶段性结果,决定的是未来不一样的命运。

即时分析为能力之王

Q:你曾说过,不分析大脑就会飘,我很认同。近来你又经常提到“即时分析”的话题,那么何谓即时分析呢?

C:人的能力为什么低下?关键的原因就是他平时对事物、对人不善于观察和分析。真理是怎么来的?是分析出来的。一个人心智的技能是什么?就是即时分析与即时联系的能力。

分析与联系大家都知道,但它的奥妙在于即时性和同步性。就像一只非常精密的瑞士表,几十个大小齿轮是在同时同步转动的,而且互为联动。同样,当我们观察事物、启动大脑时,也应该开动全部,而非光启动眼睛。不一样的人启动的“齿轮”不一样,得到的结果也就完全不一样。

即时分析是能力之王,是人心智的技能。在人与事的情景中去即时分析它,它就是立体的,同时产生即时联想,就会与其他事物组合,这样容易产生记忆。这种有情景有故事的记忆,终生不会忘记,大脑就能自动搜索需要的素材。

我创业时很崇拜台湾的企业家王永庆,现在都还记得他的一个故事:早年有一天,他去公司,看到三个女工正在修整草坪,但剪得很不认真,他就非常生气。但他随即进行了联系、分析,原来女工的工资太低了,心里有怨气。他当即决定将割草女工的工资提高50%。几天后他发现,涨工资强烈激发了员工的工作热情。这就是即时分析的结果。

Q:*善于即时分析,观察就仔细,过程还会联想、思考,是一种情境触动,或者说是互动。*

C:即时分析,分为即时提问和分析。即时分析有场景、有情境、有故事,可以帮助分析和联系。譬如说,在宴席上,上来一道红烧甲鱼,味道很好,但我们不能光是品味,还要即时分析呀!可以分析为什么红烧比白灼好,蒜是否是为了去腥去土味。还有它的调料、搭配、火候,都可以分析出来。进入情境,就会形成三维记忆,是立体的,容易记住,而平面记忆往往是模糊的。

即时分析案例1:多年前,有竞争对手在离我们上海真北商场不远的一个小房顶上竖了块广告牌,想来争抢客源。开始大家有些气愤,但我通过即时分析,不仅很快消除了负面情绪,还发现了对手此招的副作用和对我们有利的条件。第一，广告牌不够大，没有冲击力；第二，顾客已经到了我们的商场，就不会放弃这里再过去；第三，路人会误以为广告牌是下面那个小房子的店招。更重要的是，这件事激发了我们员工的竞争斗志。

即时分析案例2：有次我与一位朋友同车上中环，朋友无意间说到路旁的石头护栏总会让人担心碰到，我却马上来了即时分析的兴致。我说这种石头护栏的设计是非常科学的，它的下底约高10厘米，即使车辆的轮胎碰上，也不会影响行驶。而且它又设计成斜坡的，宽度约60厘米吧，即使轮胎碰到边了，汽车斜着爬坡也能开，也不会碰坏反光镜。朋友自然很高兴，我的分析让他多了经验，有了不害怕的安全底线。

即时分析案例3：开车上高速，为什么路标指示要设定时速120公里的上限？这是动力学家、社会学家、心理学家和神经学家一起设计出来的。从社会方面看，中国汽车的车况较差，有很多破旧车（卡车没有全部集装箱化，不像欧美，已经全是集装箱运货物。旧轿车后屁股的尾档经常会掉在高速公路上）；从心理学方面看，时速超过120公里的限速，人就会紧张、稳不住，容易因惊恐导致手忙脚乱；从神经学方面看，如遇紧急情况，人的生理反应可能会慢1秒；从动力学方面看，时速140～160公里不易刹住，把控不住车就会打偏、失控，导致撞车甚至翻车，酿成惨祸。但如果是在时速120公里时刹车，时速就会降为80公里，手能稳得住，再刹就降为50公里，即使撞了也不会出太大的交通事故。

这就是分析。分析也要积累和储存，下次分析还能调用素材。积累少了，分析就难以开始。

再分析一个案例：男人为什么要戴领带？领带的起源只是一条布。我分析领带的功能：一是白领要护喉护丹田；二是礼仪的庄重感；三是整洁精神的衬托；四是艺术的美观。

Q：观察仔细很重要。“境”是环境，“景”是景象，眼睛是照相机。那么照相时，还是需要“即时分析”的心智技能做基础。

C：重要的要多看，相关的也要关注，关键是要有目标。没有目标，就不会去观察。大脑既是贮存器，又是分析机。技能高的人就是分析师、高级分析师，可惜现在我们还没有给人文科学的分析师做出评定的标准。

要特别注重对与自己职业、专业相关的信息进行分析。譬如学生，首先要多分析与功课相关的信息、学习方法的信息，也要分析不良生活与优良生活的信息，促进自身健康成长。

所有的精髓都来自分析。在果中找因，在因中找果；在因中找联系，找为什么。我们学数学，就是学解析结构的能力；学语文，要学思辨、比较、认知、辩证、判断。我去哈佛大学进修，学的重点就是案例分析，并且是即时分析。老师拿一个案例来提问，大家马上要解答。每个同学都要讲，讲述自己的分析和联系。首先是培养能力，同时也参与情境和增强记忆。

对重点必须反复分析几次。一般我对重大事件的反思分析要十几次，乃至几十次。它可以帮助记忆，并能进一步完善，以及再进一步搜索相关的信息。即时联系和即时分析，还可为后面的深度分析打下基础。没有分析，也就没有总结。分析还有框架分析、分解分析（如物件的零件分析）、分子分析等。

经营的专业本质是什么？我说就是判、判、判！判就是分析后判断，分析明天、分析未来、分析未知的世界。其实商业世界里，永远没有今天的生意可做,永远是做明天的生意。那明天是什么?明天是展望设计出来的。

我们做商场,为什么要做高档商场?不是我们要做高档,而是老百姓开始要求高档了。人的物质文明到达一定程度就要追求精神文明,我们国家又是礼仪之邦。做生意为什么一定要判断未来?未来的导向产品是什么?热销产品是什么?一定要研究、判断,一定要找到关系的共同点。这跟生活是同理的呀!

通过分析别人的事物和案例,来增加自己的阅历。每天分析30个案例,相当于体验了他人三天的经历。分析多了,积累的经验就会多。

即时联系相关的因和素材,把有用的因和素材试着组合一下,再进行逻辑推理,分解解析。如能这样不断地循环往复,会养成一种自动性的习惯。

所谓"举一反三是人才,举一反九是人物",正是此理。

Q:学过美术的人都知道,美术有一个基本功就是写生。到实地去,对着大自然,或一山一水,或一草一木,把它们即时勾画下来。既是训练观察和表现的技能,也是积累素材,强化记忆。

C:即时分析与即时联系,就是大脑的写生训练,心智技能的训练。

现在,这种训练对我而言已成为习惯。比如,到一个五星级饭店,大堂内摆放了一个很大的鱼缸,我就会当即联想、分析,它的审美、位置、色彩、品位、对顾客心理的影响——鱼缸的五个知识点马上就出来了。

Q:据说,曾国藩在考察一个人的时候,也有一个即时联系分析法,就是考察分析这个人的志向与趣味。他认为:志向与趣味低下的人,往往安于现状，囿于世俗的陋规，从而越来越低贱污劣；志向和趣味高尚的人，往往向往先贤的辉煌功业，因此也就一天比一天高尚明达。人才的优劣智愚，由对志向趣味的即时分析便可以区别开来。

C：即时分析与联系的技能，不仅让你通过对小事的细节观察，培养大事看准的能力，更可以练就人的大眼光，即眼界。如果不分析事物，眼都没有神，是观察的散光眼；而一旦进入即时情境，人的眼神会立体化，凝神、聚焦，才会产生专注力。

所以才说，即时分析是能力之王。

什么是“自我设限”

Q：今天来聊聊“自我”的能量问题。一个人的能力到底有多大？古往今来，似乎谁也没能说清楚，据说爱因斯坦的大脑也只用了十分之一。

C：人的潜能不易被感觉到，实际上人的能量是非常巨大的、无限制的，正如常说的“冰山理论”：它只有十分之一露出海面，十分之九是藏在水下的。人的能量亦如此，通常只用了十分之一，十分之九需要开发才能体现出来，而这种开发不能通过硬性手段，只能“软性开发”。除了外部的激励，更多的是来自自身意识上的超越和观念上的突破。红星文化中便有“全身心投入就等于开发潜能”这一条。

古希腊的时候，佛里几亚国王在战车的轭上打了一串结，他预言，谁能打开这个结，就可以征服亚洲。可许多年没有一人能成功地将绳结解开。此时,亚历山大正率军入侵小亚细亚,他来到那辆结绳的战车前,不加考虑便拔剑砍断了绳结,后来亚历山大一举占领了领土面积比希腊大50倍的波斯帝国。

我常说"世界上最难的事,通常是用最简单的办法解决的",讲的就是不自我设限。上面这个故事,形象地证明了打破常规思维,突破固有观念,不给自己"设限",对于成功是多么重要。

Q:据说,美国人认为"American"(美国人)一词的最后四个字母可以组成"I can"(我能)。我们古人靠想象创造的许多神话传奇,如今也大多成了现实:现代通信技术和互联网便是"顺风耳""千里眼",飞机、高铁等则大大超过了"飞毛腿"……

C:我们不妨倒过来思考。一个人之所以有无限的潜能却不能充分发挥与完全体现,必然就有什么在妨碍与限制。我认为,这一妨碍与限制关键来源于自己——"自我设限",即自己为自己设置了某种限制。

一个人来到世界上,从童年起即会接收到来自社会的、历史的、传统的、世俗的、环境的、他人的……种种"清规戒律"般的信息。这些信息无疑在你的大脑里留下这样那样的烙印。久而久之,这些烙印便成了一道无形的墙,限制着你思维的拓展,妨碍了你创新能力的提升。这就是自我设限。

Q:自我设限是创造的大敌,它像一个瓶颈,难以突破;它像一片沼泽,让你陷在其中无法前进。如此下去,不仅你永远不能前进,就是原有的能力也将萎缩退化,这是一种十分可怕的结果。那么,我们该如何突破自我设限呢?

C:我想,首先是要解决观念上的问题,这样也就解决了思维方式上的问题。我从小爱看霍元甲、楚留香和孙悟空等的故事,直至今天,他们对我的帮助还是很大。霍元甲之所以能成为武林宗师,关键在于他不拘于一门一派,不将自己框死,而是博采各家之长,创造出了独具一格的“迷踪拳”,结果所向无敌。而孙悟空七十二变、腾云驾雾的形象更成了后人“不设限”的榜样。

举个实际的例子:上海汶水路商场与真北路商场相距只有7公里,石家庄方北商场与解放路商场相距只有4公里,成都两个商场相距只有1公里,按商业常理,同类的商场这么近是犯忌的。但事实上,这几家商场经营得都很火爆,聚拢了人气。我就是不设限、不信邪,采用的是“吸星大法”。

另外,我还对卡通片入迷。为什么?因为卡通片可以说是“不设限”的经典。不管上天入地,还是远古现实,都能凭非凡的想象给予我丰富的启示。如果说这些年我在事业上还有所创新、有所突破的话,那应该得益于许许多多有关“不设限”的案例和理念。具体来说,也就是不局限于自我,敢于打破传统,善于因时因势而变,可谓“变则通,新则灵”。

什么叫创造?把可能变成可能不叫创造,把不可能变成可能才叫创造和创新。这就要求我们首先不自我设限。只有不设限,才有可能实现。

Q:从人力资源开发的角度看,一个人突破了自我的设限,往往还能带动诸多人的突破。举重上有一种“500磅(约227公斤)瓶颈”的说法,即500磅是人体体力很难超越的极限。499磅记录的保持者巴雷里，比赛时所用的杠铃由于工作人员的失误，实际上超过了500磅。这一消息传出来后，世界上有6位举重好手在一瞬间就举起了一直未能突破的500磅重量的杠铃。

C：是这个道理啊。两个成绩差不多的学生，考试前也许彼此都认为自己只能考80分，但要是其中一个一下子考了90分，那下一次考试另一个学生很可能也会突破80分。

我的孩子露露和平平，他俩一起学游泳，但两年时间都没学会。可忽然有一天，姐姐露露一下子就成功地游了起来。没想到的是，第二天弟弟平平也掌握了游泳的技巧。

前几天，央视上的一条新闻给了我极大启发，讲的是一对盲人兄弟在五层高楼上养猪，很成功，去年收益400万，今年预计有800万，简直不可思议。我想如果不是盲人，可能倒想不出在楼上养猪，正常人看到的都是在平房养猪嘛。恰恰因为眼睛看不见，就不给自己设限了。而且，这对盲人兄弟经常避开家人，躲在角落里窃窃私语，互相激励。然而，盲人的世界是没有角落的。这种激励，正是能量的积聚。志同道合和深度沟通，会增加自己的信心和力量；兴趣聚集，互启互动，更有成倍的力量和自信，会让能量涌喷。所以，对下级、朋友的信赖，看高，看好，都会增加自己的信心和力量。

一个人相信什么，就会看到什么——这是完全可能的。因为你相信了这个事情，你就会天天想，日思夜想，你就会不断用自己的假想去印证，你就会以真诚之心充满期待，你的思维就会朝这个方向靠近，你就会以加倍的努力去拥抱它，那么这个事情也会慢慢向你走来——你内心怎样选择与期待，你就会拥有怎样的人生。

以上几个例子并不光是简单说突破自我的感染性，而是说对设限的突破会给他人以极大的启示与激励。自己潜力的实现，无形中还能开发他人的潜力。

再说“设限他人”

Q：作为管理者，你总说，千万不能“设定他人”，而要让他人成功。那怎样是“设定他人”呢？

C：所谓“设定他人”，也就是“设限他人”。你对合作伙伴也好，对你的下属也好，总会有一定的预期，对他人的能量总有一种事先的假设。我的观点是，你必须尽可能地把这种“值”提得高一点，把他的能量假设得充分一点。这对我们管理者尤为重要，是人力资源开发的一项高明而有效的手段，也是最高境界的管理——“赏识管理”。

不设限是人成长的技能。我的观点是把别人拔高50%，更把自己看高50%，当然务实也要同步提高。

小小的成功是大成功的引爆力，所以要善于帮助他人成功，让其积小胜为大胜，如荀子所言：“积跬步而至千里。”

我现在的做法是，以一种或多种方式对同事、下级、孩子进行启发性、点拨性、压力性、诱导性、表扬性等的推动，对症下药，见机采用，让他们变得更有自信。

Q:我记得看过一部叫《蜘蛛侠》的电影，片中的女主角本是很普通的姑娘，但男友却把她看得非常优秀，以至于她感动地对男友说:“你想象中的我比我自己更有价值。”这真是一句非常精彩的话。我觉得她从本质上说出了开发人的真谛:你的想象、你的设定比对方认识的自己更出色、更有价值，对方就会认定自己有这个能力，就会朝你设定的方向去拼命努力。片中的姑娘因此而努力改变自己，确实变得非常优秀，成了她男友的得力助手。

C:认可的力量大于一切！认可谁就成就谁！一句话让人暖，让人寒！一句话让人死，让人活！语言是心理的折射，认可他几分就成就他几分。对他人的尊重也很重要，你尊重对方，就会给对方带来自信。

古人说“取法乎上”，其实对自己如此，对他人也一样，设定高成就就高，设定低成就就低。它不仅体现在每个事物上，也体现在每个人身上;不仅体现在人的能力上，也同样体现在行为品德上。

我们红星的企业文化中有一条精髓:“比别人做得好一点。”这正是对员工自身能量“不设限”的要求与设定。

假如你设定对方是一个具有责任心和爱心的人，那他很可能付出的比你设想的还多;而如果因对方某次偶尔的失误，就把他设定为无能的人，那他也许真的就慢慢变成庸才了。

平时不逼自己，不逼下属，不挑战自己，不让下属挑战，就没有灵感和智慧。不设限自己，才能发挥自己。不设限他人，才能用好他人。员工是品牌，企业才是品牌。只有员工成功，企业才能成功。我从来都认为:要把自己当成宝，也一定要把下属当成宝，我的下属就是中国最好的!

再讲一个例子：美国的一个养鸡场，孵出了一只鹰，这只鹰长大后无论如何也飞不起来。有一天，场主把鹰带到山上，将它从山上扔下去，只见它在落下的瞬间，一下子张开翅膀飞了起来。鹰在鸡群里待久了，便会变得和鸡没有两样，只有让它回到自己的世界里，它才能找回本真的自己。这其实也是设定的问题，你把它设定为鹰，它就是鹰；一旦你把它设定为鸡，那它就永远是鸡了。

我们可以清楚地看到，无论是针对自我的超越，还是对他人的赏识，不断突破固有的思维模式，勇于否定自己的过去和敢于肯定未来事物的创新，这些是多么重要。其实人在本质上差别并不太大，优点和弱点往往都是有共性的。名人如此，成功者亦如此。人与人的差距关键在于对自我的设限，或被他人的设限与否，一旦突破了设限，你的能量就是无限的了。

优秀的老师对学生就是无条件的爱，我们对同事和下属也要有无条件的爱。平时多激励、表扬下属是一种储蓄，需要批评时就不会透支。平时不对下属进行点拨、启发、协调、提供资源，下属就没有成就感。平时不让下属先说话、先讲事例，就发现不了人才。一个优秀的管理者会让自己变得越来越聪明，也让下属变得越来越聪明。

平时不培养优秀团队，就没有社会基础——如果提拔了下面10个以上能人，自己就有了社会基础。许多人以为提拔了手下人自己就没有前途了，其实付出总有回报，没有白做的功。不要轻易给别人下定论，也不要轻易给自己下定论。要用发展的眼光看自己，用成长的眼光看下属。

Q：有人讲过，竞争不是拳击，而是跳高。这给我很大启发：你想永远走在时代的前列不被淘汰，就不光是你击败几个竞争对手，把他们打倒在地的事情；你的对手应该是你不断突破自我，对目标永不设限的动力。

C：跳高冠军从来就不是一开始便能跳到破纪录的高度的，都是在最高限度上一点点往上抬，一次次往上升。

体育比赛中，看似单调的田径项目为什么让万众瞩目？大家要看的是“破纪录”，破他人的或者自己原有的成绩纪录。破纪录的本质就是“不设限”。

我相信，教练一定每一天都会对运动员说同样的一句话：再把跳竿往上抬，你照样能跳过去！

牛眼和鹅眼

C：今天我想讲关于“自我”的问题，不知大家是否知道所谓的牛眼与鹅眼。

牛个子那么大，但胆子很小，过河时要用布蒙住它的眼睛，它才敢走。鹅呢？总是昂首挺胸的，小学课本里有句古诗“曲项向天歌”，就是描写鹅的。小时候，我家里养过鹅，我给它喂食时，它还敢啄我的手和脚呢，它好像什么都不怕，很自以为是的样子。实际上，牛和鹅这种差别的本质不是出在胆子上，而在于眼睛——用于观察事物的眼球的构造不同。

据说，牛眼是个放大镜，它把看到的东西都放大了许多倍，至少都比自己大，于是这种放大给它造成了恐惧；而鹅眼呢，是缩小镜，把什么都变小了，这种缩小就让它变自大了。

Q：牛眼、鹅眼的讲法非常形象，所以我们观察事物、看待他人，以及审视自己，既不能用牛眼，也不可用鹅眼。平视的认知，才会拥有真正的自我。

C：一个人的自信主要来自认知，特别是基础认知，也就是客观认知。认路认方向很重要，相当于学英语先要认准音标。基础认知准确，可以增加自信和力量。

我有个亲戚，跟我干了十几年了，小事也能做一些，但就是提升不起来。之前我也一直弄不明白他的问题出在哪里。后来我终于发现了，他的问题出在自我认知上：要不把自己看得很高，突然变得非常胆大；要不把自己看得很低，胆小得很。也就是说，他一会儿用鹅眼、一会儿用牛眼来看事物，把他人和自己全看成了哈哈镜里的镜像。

后来，我研究分析了一下，人往往有两种：一种是太有自己的人，这种人一般不会成功；还有一种人，就是没有自己的人，也不能说完全没有自己，这种人很多时候都没有自己，最后也不会有太大的作为。比如小时候，在家里听爸爸妈妈的话，长大上学时听老师的话，叫他学什么他就学什么；工作了，听领导的话，领导叫干什么就干什么。这种人其实智商不低，但自己没有主见，完全跟着领导的思路行事，成为一味服从的下属，丧失自己的观点。

人在工作中是永远不能丧失自我的。任何时候都要有自己的观点和主张，不盲从，不菲薄。做任何事情都要用自己的智慧，当你有自己的观点、善于思考时，你的每一次抉择都会和智慧连接在一起。当你没有自己观点的时候，智慧就会离你而去。

Q：乔布斯说过："你的时间是有限的，所以不要把它浪费在走别人的人生道路上面。不要受教条羁绊，那是在用别人的思考成果活着。不要让他人意见的噪音淹没你内心深处的声音。最重要的是，要有勇气听从内心和直觉的召唤。它们或多或少已经知道你真正想成为一个什么样的人。其他一切都是次要的。"有了自己的观点后，你往往可以把你的心智、意志和事情对接起来。最重要的是，这样就不会有太多的依赖。

C：依赖是个很严重的问题。我记得自己刚上初中时，因为父亲在工地上做得不错，已经成了工头，有次我就向小娘舅吹牛说："我以后只要跟爹爹混就好了。"这话后来被父亲知道了，他气得把我痛骂了一顿。我好像还从来没见父亲那么生气过，他对我说："你现在就想依靠我混一辈子了啊？我自己都还没混好，什么都没有着落呢！"

从那时起，我感觉自己就开始注重培养自己的独立意识和危机意识。我现在会给我的孩子讲：不能依赖，有依赖思想的人会丧失80%的能力。

而一个人有了主见之后，依赖别人的想法就少了。现在一些下属给我汇报工作时，对于他们那种没有自我的表现，我是最"不感冒"的。这些人动辄将我的观点挂在嘴上，讲话的内容也多是我的言论，而不是他们自己的。这就是失去了自我，我很不喜欢。因为他们时时刻刻想让我感到满意，猜测我的心思，而忽略了事物最重要的本质。

事情的本质无非就是一二三点，但是到我这里，也许就是五点。所以，做事一定要有自己的观点，一定要敢于阐明自己的看法，不要老是想着顺领导的意。如果一做事就想到领导就错了，为什么呢？因为那样的话就是“领导”而非事物本身在左右你的整个思维。为此，我们红星规定了“实事求是”“对事不对人，帮理不帮亲”“凡事找方法，而不是找借口”等做事原则。

当然，我们还应该巧妙地处理“自我”。有的人“自我”过度后就变成自私、自大，甚至目中无人，结果也会导致失败。我认为，战略要自信，战术要虚心。自我定位是关键，善用“自我”，往往可以将其化为动力。

Q：一个人过分张狂，恰恰是内心柔弱的表现；而有主见的谦逊，正说明其内心的强大。

C：对。开头我们讲到了鹅，那来说说如何学做一只天鹅吧。

我们总是看见天鹅在水面上，骄傲地昂着头，自信而优雅地游着，往往忽略了它在水下不停运动的两只脚。人亦如此，要想骄傲地自信着，只有永不停息地努力啊！

只有主角，没有配角

C：“自我”是个很大的意识问题，这个问题不解决，人就无法提升，在社会上和生活中都会寸步难行。

首先，我们要懂得，自我就是有主人翁精神。要做事的主人，做物的主人，做自己的主人。主人也就是主角。

大家知道，电影中或者戏剧界有一句行话：只有小演员，没有小角色。什么意思呢？其实就是说只有主角，没有配角。在这个戏里，在这个角色的定位上，每个演员都是主角，并不在于戏份的多少，而在于演员能否主宰这个角色。反过来，戏再多，演得不好，连配角的价值都没有。

Q：张艺谋的《大红灯笼高高挂》里，有一个老爷的角色，四个女人的命运都同他有关系，但是整部影片出现的始终只有他的背影，脸都没露一次。那随便找个替身演员演一下就可以了吧？可是，演这个背影的是很有名的艺术家马精武，他正是通过背影把那个老爷演得入木三分。你说他是主角，还是配角呢？

C：凡事本质上只有主角，没有配角。也可以说，不管处于什么位置，你负起责任来了，你就成了主角；你不负责任，就只能算配角，甚至连配角都够不上。那么，“自我”就必须对所做的事负全责。也许在整体上，你只负责一个单项，看上去是配角，但其实你就是这个单项的主角，就要把它做强。接着，再做强第二个单项。几个单项都做好了，在这不断提升的过程中，你就一定会成为全局的主角。

要做主角，当然要有主见。没有主人的心态，又缺乏主见，怎么做主角呢？别人的经验和思想，听过后都要经大脑论证和考证，变成自己的意见和方法，才是你的主见，于是他人、事物和自己的融合才会同步存在。有的人，名分上、利益上要争主角，但做事上又不想做主，不肯做主，不敢做主，不进入状态；有的人找不到自己的定位，做起事来当然也难以用心投入。

这些人有两种心态：一是“实习心态”，把自己当成见习生，不负起责任来；二是“跳槽心态”，混混日子，当一天和尚，撞一天钟。这两种心态就导致自我的扭曲，甚至丧失自我。而失去自我，就失去了创造力，失去了智慧，就与世界无法接轨。

Q：“自我”是个体对自己的认知，也是一种人格的修炼。哲学家笛卡尔说，“我思故我在”，没有自我的认定，也就没有我的存在了。

C：人生而平等，也是为别人付出的、贡献的，彼此应尊重与诚信。所以对外交往一定不能失人格，或低人格与其交往，不然反而会被对方看不起。

自我的认定，就是有自己的思维和人格意志。而所谓人格意志，即公平、平等、正义地对待他人和事物，这其实也是一种自信。

不自信就没有灵魂。要知道，每个人都是伟大的，有我就有了世界，自己在哪里，哪里就是世界。这是内心强大的自信。做情境当下的主人也是一种自信。自信决定成败。

我们讲强者未必是胜利者，但胜利迟早都属于有信心的人。换句话说，你若仅仅接受好的，你得到的常常就是最好的，只要你有自信。一个人胜任一件事，85%取决于自信，15%取决于智力。假如一个人是自卑的，那自卑就会扼杀他的聪明才智，消磨他的意志。

Q：记得有部叫《方世玉》的电影，影片中的老方丈就讲过这样的话：“世玉啊，连你自己都放弃了自己，还有谁救得了你呢？”

C：自信是人的慧根，还是治病的药，它可以治忧虑与自卑。即使身体真的有病了，自信也能让你病情好转。所以，我们要学会欣赏自己。

连自己都认为自己不行，连自己都不认为自己是世界的主角，那就一定不行。不自信一定会失败。你如果自己都不满意不喜欢自己，那也是无法真正喜欢他人的，反而会对他人生出妒忌心和怨恨心，所以要先学会跟自己做好朋友。

最后我再讲几点自信的建立方法：

（1）回想自己的成就。

（2）与欣赏你的人交往。

（3）凡事往好处去想。

（4）参加喜庆活动，看喜剧片。

（5）读励志的书——创造培养自信的情境。

学习给我新生命

Q：15年前，你就在维也纳由国际组织学习协会举办的第二届全球论坛上，做过“学习给我新生命”的专题演讲，引起了与会专家学者的强烈反响。作为当时的同行者，今天我们再来聊一聊有关学习的话题，相信又会有新的悟道。

C：为什么我要讲“学习给我新生命”这一话题呢？很简单，生在农村、小木匠出身的我，正是通过学习有了一个全新的人生。所以，我当然希望大家和我一样，认识学习的价值，积极学习，热爱学习，不断学习，这才是一个人获得新生命的唯一路经。

尤其在“知识经济”时代，技能、产品的更新换代日益频繁。经济学中有“景气周期”的说法，而只有学习，才可延长人生的“景气周期”。因为学习就是经验的不断累积。

2005年，我是作为中国民营企业家唯一的代表走上“国际组织学习协会第二届全球论坛”的，虽然为学习做了许多贡献，但我真不知从何讲起。

前一天晚上，我躺在床上睡不着，还在想到底要讲什么。忽然，记忆的仓库里出现了一张我20多岁时的照片：那时很年轻，处于精力旺盛的年纪。但我见到的自己却是头发蓬乱，套了件有毛领的皮夹克，像个小暴发户，完全没有20多年后的沉稳气质。

Q：这是一张真实的照片，但估计很多人，即便是你的老朋友也未必能认出你来。你的变化确实太大了。当然，你现在的形象也是你自己设计的，正如你所言：造势先造形，这个形也包括外貌形、知识形和事情形。那这些变化的根在哪里？

C：归根到底两个字：学习。学习打开了我心智的大门，改变了我的价值观，从而彻底改变了我的人生。我因学习拥有了全新的生命。同样，一个把学习融入生命的人，也一定会获得新的生命。

于是我第二天的演讲就从这张照片讲起，老外们一下子就听懂了，认识了我，也认识了中国民营企业家的成长之路。

中国民营企业家的成长之路、成功之路，本质上正是一条学习之路。

我在社会上打拼漂泊了12年，尝尽了累、痛、苦、委屈后，到1994年才体会到“书中自有黄金屋，书中自有颜如玉”的道理，才下决心发奋从头学习，在发展中学习，在学习中发展，一步步走到今天。

以前有人问我成功的经验，我的回答是“勤劳＋诚实、实干＋巧干”，现在我则一定回答是“学习型企业”。

Q：学习其实不光是书本知识和技能培训，你说过，更重要的是在生活中观察、分析、总结和实践。

C：人的生命，除了时间、年龄这些物理概念外，有更深邃的内涵：生命的质量，折射一个人生命的价值；生命的空间，体现人的思维方式和创造性；生命的信仰，反映人更高层次、更高境界的精神追求——而这些，唯有通过学习才能获得。

还记得我16岁那年，从乡下来到城里打工，走路靠左靠右都弄不清。后来还是我二哥建林带我上街时告诉我，走路要靠右边。因为在乡间走路随便，不要分左右。原来这个也要学习。不学习，是没法生存自立的，甚至连路都走不好。凡事都有它的规律，不学习就没办法掌握这些规律。

我自身的巨大变化，在于灵魂深处发生了一场革命，这场革命的核心就是学习，革命的结果是文化素质的提升。否则，我的生命就毫无意义。相信只要不断地学习，老天爷都会赋予我们一次崭新的生命。

要说我现在事业上有点业绩，更得归功于学习。我讲过，贺龙当年是“两把菜刀闹革命”，而我创业就靠学习四本书打天下：《孙子兵法》的“不战而屈人之兵”给予我营销智慧；《三国演义》的“挟天子令诸侯”教我致力于大品牌的打造；毛泽东的《实践论》使我懂得了“理论联系实际”，从实践中总结理论，再用理论指导实践；而《孙膑兵法》中的“田忌赛马”，让我在困难时变换思维，永不言弃……至今我读过上千册书了，更体会到书是人一生的经验，百卷书就是100个人生理论、实践和战略战术思考的精华。

Q：你的话让我联想起一位专栏作家说的话："阅读是人类精神遗产唯一认可的继承方式。不阅读，人就会活得很简陋；阅读，人才会活得很丰富。时间是有密度的，方法只有通过阅读。"

C：这句话讲得很好。老年人也不应放弃学习。哪怕你活到90岁，学习同样可以让你获得新生命。

大家现在都很注重锻炼，其实很多人不知道，除了体育锻炼，还有智力的锻炼。特别是老年人，好像到了这个岁数，大脑该休息了，让身体运动运动，为了健康长寿嘛。但千万不能把自己的大脑给遗忘了，用大脑才是养大脑。人退休了，大脑千万不能退休。人到了60岁，心脏功能和体能都会减弱，所以要退休，过轻松一点儿的生活。但大脑一定要锻炼，最好的办法就是学习。我建议老年人每天至少要用1～2个小时读书学习，并结合适当的工作实践，像健身的功课一样。

少年或青年还要多培养自己的各方面爱好，光一个爱好满足不了，没有这个爱好，就会有那个爱好。有四到五个爱好，情绪、荷尔蒙才有释放的地方，才能成为精神的补充。我有五个爱好：一是工作；二是读书；三是研究人；四是研究养生、运动；五是研究美食。当然，这些也都需要学习。

不学习，就没有新的东西进来，思维就不能不断地被激活；思维不更新，就会变得迟钝。小时候，我们常会听到"大脑生锈"之说，其实是大脑麻木了，脑神经利用率不高了，新陈代谢少了，指挥系统就会失灵。

学习了还得记住。现在许多年轻人不肯好好记忆，觉得多记会伤神，或认为要记忆的那些内容没有意义。“对不起，我忘了”已经成为越来越多年轻人的口头禅。我自己总结了15个字：想记住，用心记，强迫记，记情景，反复记。我们更要以理解代替记忆，很多人都知道，明白了的课程比较容易记住。但理解其实并不是辅助记忆——理解是记忆的代替。强记理论不仅很难记得准确，当需要应用时，强记的理论根本无济于事。明白了理论的基本概念及含义，你会突然觉得你的记忆力如有神助。但理解有不同的深度，也有不同的准确性。理解越深越准确，记忆就越清楚，应用起来也就越得心应手。所以，读书要贯通——理论上不同重点的连带关系要明白；读书要彻底——概念或原则的演变要清楚。

记忆会决定思维，或者说记忆会构成一个人的思维方式。我们思维方式的形成，很大程度上是记忆倾向的累积。不光是记忆本身，还包括通过记忆对事物本质、规律的了解与把握。有质量的记忆会使大脑永不折旧，会带来大脑的“资本运作”。

Q：现在的俄罗斯人，都把阅读称为“气质瑜伽”，特别是女性，她们认为“天生丽质”不如“腹有诗书”更靠谱，所以读书有着美化内在、提升气质的独特功效。

莫做精神上的“睁眼瞎”

Q：昨天谈的基本是你个人的学习之悟，今天我们聊聊团队学习。

记得你说过，团队学习还是一种思维语言的培养。共同语言也是可细分层次的，譬如生活语言、精神语言，而真正通过导入情境共同学习形成的默契，可谓灵犀语言……

C：学习型团队，就是个人学习与团队学习共融。我现在还发明了一个说法：团队学习与学习成果分享，是企业文化的股份制。

这里有一个案例和大家分享：2010年，我与同事一起去了威尼斯一周。我随身带的5本书在等飞机和旅途中都看完了。特别是在飞机上，13个小时的航程，因为有书的陪伴，我觉得很舒服。其他几位同事只是一起出去看风景和艺术展，却没有看书。这本无可厚非，但问题是看过书的我，再看其他，感觉就不一样了，思考的问题也不同。不看书，你可能仅是与静止的景或者原来的事物产生一些联想，无法体验到那种深度联想的快感。于是，我感到自己的内心世界和他们相比丰富了很多。

由此我生出许多感慨：一天不学习，其实眼睛就好像被布蒙住了一天，看不到东西了，或者就是靠记忆，但看到的还是同样的东西。那不就成了精神生活中的“睁眼瞎”了吗！

多年前，我去过法国的卢浮宫，2011年又去了一趟，尽管看的东西一样，但感受却大不同。因为这几年里我学习了。如果两次看到的、得到的感受完全一样，人肯定就没有进步。

哈佛大学有一个著名的理论：人与人之间的差别取决于业余时间，而一个人的命运决定于晚上8点～10点。每晚抽出两小时用来阅读、思考，或参加有意义的演讲、讨论，你就会发现，人生正在发生改变，坚持数年之后，成功会向你招手。业余时间虽似不起眼的涓涓小溪，但只要加以充分有效的利用，就可以汇成江河大海，成就事业。

Q:80多岁时的李嘉诚,被称为"IT时代的新资本家"。晚上睡觉前必看半小时新书,是他几十年保持的一个习惯。他说:"科技世界深如海,当你懂得一门技艺,并引以为荣,便愈知道深如海,而我根本未到深如海的境界。我只知道别人走快我们几十年,我们现在才起步追,有很多东西要学习。"可惜现在还是有许多人自认为已是饱学之士,无须再学习了;甚至有人谈学色变,逃避学习。

C:许多人还没意识到不学习的影响,工作三年不及一年。一个人一年不看5本书,难以有大作为,一年不看10本书,难以有大成功!学习,就是要像我小时候看到的牛吃草一样,见到草先饱食一顿,有空时再从肚子吐到嘴里,慢慢嚼,不断嚼,不断消化吸收知识。学习,就是要消化知识并吸收进自己面对的事物中。学习会增加四分力:一分上进,一分德,一分心情,一分技能。同时,还会给人生带来四种修养:文化修养(基础)、艺术修养(才情)、哲学修养(智慧)、品格修养(胸怀)。

不仅我的成长得益于学习,我们的企业、团队也完全受益于学习。企业有些问题,不是光靠制度管理就能解决的,而我们的团队学习了,企业就改变了许多。激发了灵感,才会产生出无穷的创新力。

一个团队是一只大染缸,光引进人才没用,首先要改变染缸的品质,而改变品质的最佳途径就是团队学习。彼得·圣吉的"五项修炼"理论中最精彩的也正是这一项。

1994年的时候,我们企业的人力资源基础还很薄弱,企业员工都是有实战能力的初中生、高中生,但文化素质不行。于是,我下决心引进一批大学生。结果呢?谁都看不起谁。大学生看初中生、高中生文化水平低,是"土包子";初中生、高中生觉得大学生根本不懂业务,不会赚钱,是

“绣花枕头”。彼此不买账，管理陷入了僵局。

那怎么办？最后，我采取的办法就是让大家去学习。我让他们分别结对子，互相学习，交叉学习：初中生、高中生向大学生学文化、学知识；大学生向初中生、高中生学工作一线的业务技术，加上沟通交流方法。结果产生了意想不到的效果：通过一段时间的学习，他们相互之间多了理解，各自的素质和能力都得到较大的提升，团队也和谐了。我的企业这个“染缸”就变成了创新和互补的“孵化器”。

Q：这就是团队学习的力量。其实在生活中，一个家庭也需要实行团队学习。记得你讲过体会：譬如一个三口之家要看电影，最好是一起看。否则，就会少了很多共同语言。如果一人看两人不看，或两人看一人不看，很可能会因体验不同而导致争吵。

C：对，家庭成员也要一起读书，读同一本书。一家人一起阅读，读相同的书，一种书买三本，三人一起读，会有奇特的感受。我现在看的书，会同样买三本，送给我的好朋友看，这样朋友间就会增加共鸣。学习是要养成习惯的。

有一年大年夜，吃饭时我问一位表弟：“你今年看了多少书？”他回答：“1本。”我听后大吃一惊，我说：“一年至少读10本才算读书。”之后我对此进行了一番思考。如果没有读书的习惯，而每天强迫自己去读，一定是很痛苦的。其实读1次往往很吃力、很痛苦，而读20次反倒会感觉轻松愉快。

学习其实是可以非常快乐的，有许多方法，这里就先同大家分享我的7个快乐学习法，常用这些方法，你就会感到学习的快乐。

（1）与水平比自己高的人交友。“听君一席话，胜读十年书”，愉快、长期的沟通，能悟出新的道理，进而激发全新的力量——这一条已列为我们红星美凯龙企业文化的精髓。

（2）养成多问“为什么”的习惯。在生活中、工作上，要善于探究问题的本质。一边学习，一边总结，包括向反面（失败）案例学习，甚至身边熟悉的人或发生的事，都会刺激你反省。

（3）在实践中学习。这必然会丰富经历，提升能力。彼得·圣吉说：“什么是学习？学习就是在工作中思考，在工作中总结。”毛泽东也说过：“读书是学习，使用也是学习，而且是更重要的学习。”有些人书读了很多，但老不成功，关键是没使用、没活用。更要注重形成在实践中学习，在学习中实践；在实践中找理论，用理论指导实践的循环。缺什么就要学什么，只学有用的，学习的成果就成了学习的动力。

（4）与书的作者、书中的人物对话。把书当成自己的好朋友，在对话中彼此交流、谈心、欣赏。歌德说过：“读一本好书，就是在和高尚的人谈话。”

（5）即时联想与即时分析。这常常能使人具有发散性思维，举一反三，触类旁通，从而提高创造力、创新力。

（6）运用讲故事、听故事的方法学习。通过案例进行学习，借他人之鉴；在幽默的氛围中，享受轻松学习的乐趣。

（7）看有意义的、与工作生活相关的影视作品。这也是学习社会经验、感悟人生、提高自身修养的好方法。

平时不读书，心中就没素材。总可以挤出一点儿时间，亲近书籍，读一篇感动人心的好文章而有所感悟。学习还能促进人对工作的认真投入，会培养你的紧迫感。人往往由于自身的弱点和习惯，时常出现神散、模糊记忆等障碍,但学习的过程就是让你凝神、聚焦。

Q:不想做精神上的“睁眼瞎”,唯一之选就是注重平时的学习!学习就是汲取成功者的智慧,从中掌握面对挫折、失败、困境的技术,把握人生中的大规律,从而成为精神世界的“千里眼”。

如何去除旷野的杂草

C:今天先给大家出一个故事题:

从前有一个哲学家,他带着他的弟子游遍了整个世界。一天,他将弟子们带到一片旷野中,围坐在一块草地上说:“你们都是饱读诗书、知识渊博的人,并周游了世界。今天呢,我们就上最后一课,上完你们就算毕业了。好,现在大家看到我们坐的地方杂草丛生,你们觉得如何去除地上的杂草呢?然后我们再过一年来看结果。”

有人说用火烧掉,有人说用石灰呛死,有人说把它挖掉,也有人说用石头砸烂。

我先不回答这个问题,本篇结束时再告诉大家答案。读者此时也可想一想该如何去除这旷野的杂草。

Q:这是一个经典的故事,用在人生经营上,特别有意蕴。

C:托尔斯泰有这样的名言:“幸福的家庭总是相似的,不幸的家庭各有各的不幸。”

人生的成功，同样如此。成功者的可贵之处基本相似，而不成功者的身上，则有各种各样不同的问题。

为什么有的人成功了，有的人屡遭失败？其实，每个人刚到这世界上时都是差不多的，问题在于有人走的是一条光明大道，有的人在崎岖途中进入误区，而且往往走不出来。

我们想要获得成功，首先就必须认识误区，进而走出误区，远离误区。

人生最大的误区是什么呢？我曾经总结过十大误区。我今天要讲的是“精力不能集中”这一误区，也就是不能一心一意把一件事做好。这个误区很严重。为什么你所有的误区都避免了，还不能成功？根源就在于此。这个问题的严重性还在于你自己往往感觉不到。

对于成功者来说，一切妨碍他为事业奋斗、拼搏的都是杂草，一切干扰他为目标冲刺的心思都是杂草。即使在局部看来是非常强的一些能力，因为背离了整体，也会成为杂草。

现在已经有人提出了一个“注意力空置”的问题。就是说，如果我们的大脑不被正经事填满，不围绕着价值进行思维，不被自我价值感和各种各样的积极动机填满，你不需要的甚至是乱七八糟的东西就会填补进来，而真正需要你专注的意念反而会被空置。正如星云大师所言：“一个人的心里存什么念头，他就会看到什么东西；他所看到的那个东西，最后就会变成他的现实。”

Q：其实这跟目标也有关。因为没有目标他就没有想法，就没有压力，也就无法集中注意力。

C:没有目标,精力分散,导致人生之芜杂,就是生命中的杂草。

小孩子读书如此,长大工作也是这样。人没有目标,就会有很多短期的想法,比如说偷懒一点儿,比如说拿一点儿小的好处,比如说对别人少付出点儿,比如说今天吃了亏就不高兴等,这些都是干扰注意力的杂草。

但是,目标比较大了以后,你今天吃了亏,或者是别人损害了你的利益,你就会觉得无所谓。人的度量和宽容性好,自私的一面就会逐渐减少,高尚的一面就会展现出来。因为你专注在更重要、更值得追求的价值上。

譬如,我在企业的发展中,一再强调要将自己99%的精力花在工作上,剩下的1%才去考虑各种社会关系的维护。而有些做企业的人天天在拍马屁。

设想一下,我天天在领导的家门口拍马屁,有用吗?一点儿用都没有。我还是要把所有的精力集中在研究技术、服务、管理和人才上,集中到打造中华民族世界商业品牌的事业上。当你真正成功之后,谁都会尊重你。

Q:记得你也讲过,每年要把大脑里的储存,像电脑那样清空一次,留下最重要的东西。因为现在是信息爆炸时代,抓住一个点才会有机会成功。

C:人不能很好把控自己精力流向的根源何在?其实还是患得患失、急功近利,这让你的心神散了,让你的五指不能握拢,不能形成一个拳头,那打出去又怎么可能产生力量呢?

大家看出来了吗？不成功的根源就是人生的杂草。

好，现在回到开始讲的故事上来，看看怎么样去除旷野里的杂草。

一年以后，那批弟子又来到原先的旷野中，他们惊异地发现，那成片的杂草，已经变成一片片长势喜人的庄稼，有麦子、玉米、青菜……

但那个哲学家没来。后来，弟子们才知道，老师去世了。于是，他们来到老师的家里，找出老师的笔记本。

哲学家在笔记本中写道："要想去除旷野里的杂草，必须先种满庄稼。"

这是他们的最后一课，而我们应该把它当成人生的第一课。

去除旷野里杂草和去除我们人生的杂草一样，必须得先种满庄稼。要去除我们人生的杂草，只要把我们的精力集中在我们坚定的人生目标上，先种下品德，再种下善良，种下爱，种下好的价值观，种下好习惯……否则，杂草就永远会生长，永远去除不了。

Q：把旷野经营成我们的良田，好庄稼才是你的魂，道理如此朴素。而精力一旦不集中，人生的杂草就会"野火烧不尽，春风吹又生"。

硬币只有两个面

Q："硬币只有两个面"，这句话听上去像废话，但当你把它放到竞争或者竞技的环境中，你就明白了，它确实只有两个面：一面叫赢，另一面叫输。

C：这里先讲一个“赢阳光的香樟树”现象吧。我经常在上海西郊宾馆的绿地散步，有一天我忽然发现，那里的香樟树很奇特，一律向上长，有近20米高。内行的人知道，香樟树一般是往横里粗里长的，但这里的它们怎么会朝高里长呢？经过观察和思考，我发现，因为它们排得密，每棵树都要拼命去争取那让它们成长的阳光！于是它们就努力去争取，去竞争，要“出头”呀！赢了，它们才能健康壮实地生存下去！

这个现象给我启发很大，现代社会做人、做企业也是如此。

我们红星美凯龙赢的是什么？赢的就是“要争第一”的思想。我们永远是第一，就没有想过要做第二。我甚至觉得入驻中国的美国家居零售商家得宝是第二不是第一。我们今后要做世界的第一，包括我们个人也是这样，一定要不服输。不服输才会赢，也才能赢。

我的字典中只有第一，就是这个道理。你要有第二的思想，你就完了。你想要第二，一定就是第三第四，你要做第一的时候还有可能是第二第三呢。这就是所谓的“取法乎上，仅得其中”吧。

按照国际的竞争法则：第一名占份额的50%，第二名可能是25%，第三名只有10%，第四名是5%。那第五名呢？只有1%了。第六名0.5%，第七名0.1%，第八名0.05%……最后，剩下的全在9.35%里面了。残酷吧？

这就是讲，永远要把自己按在硬币赢的那一面，稍不小心，随时可能滑到输的那面去，那这一生就一定是输了。没有第三个面让你选择。

Q：奋斗的人生棋局是没有和棋的，生活之棋亦如此。

C：关键还在于你抓那枚硬币的心态。人赢也赢在心态，输也输在心态上。

积极心态就是想赢的心态，看到的都是希望和积极有用的面。这是开发智商的一个重要步骤。有了强烈的赢的愿望，才会开发出许多赢的方法。所谓“有志者自有千计万计，无志者只感千难万难”。

我们看到很多的光明事物，在没有办法的时候，积极的心态可以让人找到很多办法，消极的心态就蒙住了人的思维，这样人就容易变笨。所以我们凡事一定要积极争取，千方百计去争取。

比如说，市场不好的情况下，我们用积极的心态去做，就会有好的甚至特别出彩的营销方案。积极的心态就是永远有办法。古人讲的“急中生智”正是这个意思。“急”的情境不要紧，但要有好心态，否则是生不出“智”来的。这才是所谓“情急之中，人的潜能释放不可估量”。

现在很多人说我事业成功了，赢了，但他们不知道我从小就认定自己会赢。刚开始创业时，其实我根本没有资本，但我认为胸中有钞票，到哪里我都觉得自己有钞票。企业发展了，缺乏人才的时候，我心中也有百万大军。你说这样的心态能不赢吗？

所谓心胜，是指在心中战胜对手。心胜并非胜利的全部，却是迈向胜利的第一步。如果自己心里都认为自己不行，那注定会失败。不能成为中流砥柱，就只能随波逐流。不管男人女人，如果不想活得轰轰烈烈，就只能活得碌碌无为。

Q：20世纪90年代末，国外的洋建材超市进军中国，大家都觉得本土的建材市场要倒掉了，危难重重，但你不服输，并坚信一定会打败它们。1998年起，你就开始不断地呼吁、实践，将红星的家具建材市场创新、升级，打出提升品位、强化体验的牌，现在事实证明红星在中国已经赢了洋超市。

C:是啊,洋超市刚开始势头特别好,但我看到中国的市场完全有超越的优势,就下决心创新,创造了商场化管理、市场化经营和展厅情景化、购物体验化的“红星模式”,并不断升级到第八代商场。经过十多年的竞争,最初德国的欧倍德撤出了中国,英国的百安居已经关了多家门店,美国的家得宝也宣布正式退出中国,原因是水土不服,仍照搬美国那一套,未针对中国市场作调整。

同样,在与国内同行的竞争中,哪怕碰到不正当竞争,我们也要胜出呀,我还是以积极的心态,想办法另辟蹊径,用更好的方法绕到对方前面去,打超越之战,用心态来赢。

心态决定成败,智慧决定输赢,它们会帮助我们摆脱自我的局限。人千万不能对自己设限。不设限,心中才有办法。

这里讲成长哲学,其实教育子女也是同理!如果你说“儿子你这样已经不错了”,那么儿子肯定比你差。因为你说这话,其实是消极心态。

我在和子女聊天的时候,我就说:“我这么差,你将来起码要比我强上10来倍。”例如,我买了一辆车,我就会说:“你看我买了一辆破车,以后你起码要买一架飞机。”他们要赢的心态就这样被我激发出来了。

大家都知道心态的重要性,但心态的作用到底有多大,可能并不清楚。它的作用是无穷的,不光让我们产生成就感,还能给我们带来幸福感,带来高智商,可以说能让我们战胜一切,给我们一切一切的赢!

公园里的海豚

C：我想先讲个故事，讲公园里海豚的故事。

大家都知道，公园里驯海豚表演，主要是给它东西吃。它对吃的东西感兴趣，它知道一跳就有吃的，就越跳越好。若它对吃的东西没兴趣，那它还会跳吗？

一个有兴趣的人，不论做什么，每天都会活得很充实，过得很开心。人最怕的就是“没感觉”，对什么事都不感兴趣。

Q：兴趣同工作的关系正如此。情商很重要的一点就是兴趣和情感。

C：如何建立工作兴趣，这非常重要。

兴趣的本质就是对事物建立情感，而建立情感是一个既简单又复杂的工程。往往很多有聪明才智的人，对某些事物从开始的一点儿兴趣慢慢发展成很大的兴趣，然后再发展成强烈的情感。

建立兴趣最传统的途径就是获得别人的表扬。比如小孩读书，他很小嘛，开始根本不知道读书是怎么回事。我一直在研究幼儿园的小孩为什么会喜欢读书。后来我发现，老师一表扬他会读书，他就高兴得要命，坐着看书，一坐就是一天，兴趣就来了，他就全神贯注了。

培养小孩，首先是培养他的兴趣。小孩的兴趣从哪里来？开始是人原始的欲望，即食欲。做父母的一定要满足孩子的食欲，他想吃的就让他吃,可千万不能强迫他吃。因为强迫反而会导致孩子厌食。

第二是求知欲,这是与生俱来的好奇心所致,一定要好好保护。小孩一般都比较喜欢听故事,你就一定要把最好听的故事讲给他听,让他产生更大的兴趣。

第三是名欲,小时候可能是荣誉感,这更需要激励,激励的具体表现就是不断地、不吝啬地进行表扬。

三点不离其宗:兴趣对人具有巨大的催化作用。

Q:兴趣是天生的,还是后天可以培养?这点其实很重要。有人觉得自己对某项事物好像天生就没兴趣,就不去努力了,不朝这方面去发展了。

那我们又怎样对自己所从事的行业建立兴趣呢?

C:有目标,工作才有力。日本有位马拉松冠军,记者问他为何能取得冠军。第一次他说:科学。过了一年,记者又去采访,他还是讲科学。他说的科学就是目标,特别是设立阶段性目标。起跑前,40多公里的路程他就先观察分解了,譬如第一个目的地是加油站,第二个是某根电线杆,第三个是医院,第四个是商店,第五个是一幢房子……然后比赛时朝一个个小目标冲刺。目标能拉动一个人对事业的兴趣。

目标的拉动还会带来对信息的关注与兴趣,像大肚子的人,会觉得到处都可以看到大肚子。所以,有兴趣工作才不累。但兴趣的建立是多方面的,最好的方法是感受。

关于工作情感的建立,我们明天再接着聊吧。

“心跳”是工作情感的标准

Q:你讲过,不工作,生命就没有意义,工作应该成为人生活方式的一种。所以,我们要做有兴趣的工作,就先要学会建立工作情感。那工作情感是否也有什么标准呢?

C:有!任何事物都有标准,我给工作情感设定了一个很好的标准,那就是心跳。心跳了,你的工作自然成为生活了。

我到现在对于家具还是很有情感的,看到木材我真的会心跳,和年轻时看到女朋友时心跳的频率差不多。我对这个行业的爱,就来自对木纹之美的爱。这喜爱不是天生的。如果说我做了裁缝,对于布料、衣服我一样会心跳,我想我一样能够成功。

Q:心跳这个标准定得很形象而具体,当你看到一块木头的结疤都会觉得它特别美时,那就说明你是把工作当成可以让自己“脸红心跳”的恋人了。

C:确实如此。我刚才说了,如果我当初学了裁缝,也许我后来就去做衣服了,现在也可能开了服装工厂,成立国际服装集团。因为我会对那个纱啊、布啊都心跳起来,会把纽扣都当成珠宝。其实,当年母亲本来是要我去学裁缝的,可是父亲买不起也舍不得买一台作为学艺工具的缝纫机,一台缝纫机当时要100多元钱。所以,我只好放弃缝纫而转学木匠了，只要一把榔头、一把锯子、一把刨子，成本低嘛。

现在大家都知道有个美特斯·邦威，它的老总周成建是我的好朋友，前几年我还去参观过他的缝纫博物馆，他就是裁缝出身的。他告诉我，他对服装抱有强烈的情感，所以才能做得特别好。如果他对衣服没有情感，那么他再聪明也无法把事业做到现在这么大。

所以，我们一定要做能让自己有心跳的工作。没有情感的工作，做起来很危险。

Q：*建立工作情感的秘籍就是热爱，爱因斯坦说过，“热爱是最好的老师”。*

C：情感有天生的，也有后天培养的。我刚开始只是为谋生，看到母亲太辛苦，想挣钱，为家庭分忧。在不断坚持中，我对工作就产生了兴趣，进而产生了情感。

那么，我们对家居行业要有怎样的热爱呢？我认为，你至少要对其中的一个方面感兴趣。不需要你爱它的全部，这个也不可能。就好比你爱你的女朋友一样，你也不是爱她的全部，你只需要爱她的三点就够了，譬如头发、笑、善良上进；也像你爱一个龙头、一个拉手，陶瓷、五金、家具，你喜欢它的几个点，就足够了，你就会对这个行业有心跳的感觉。这个感觉就是工作情感，也是成就感。

中央电视台播出过一个专题：罗马尼亚有个打工的小伙子，悄悄爱上了一位漂亮的护士。有一天，他终于约了她见面。那天天很冷，但这个小伙子坚持站在雪地里一直等。等了很长时间她才出现，小伙子的手都冻僵了，于是护士深受感动，他们的恋爱成功了……建立工作情感，亦是同理。

Q:古人所谓寄情,其实也是寻找情感的对应物,或者说,让有用的、有兴趣的、能让你心跳的情境来调动你的情感、情绪。

C:情境对行为的驱动力影响非常大。而情绪又往往会控制我们的行动。有专家研究开车的案例时发现,人们并不是在任何时候都以同一速度驾驶汽车,开车快慢是受情绪控制的。可见,工作情感对工作质量、工作效率也有一定的影响。其实,只要我们能够在与真实的工作情境接触中,自然地产生“心跳”的反应,这就足够了。

最后,我们还可以想一想,如何通过想象自己的未来来建立今天的工作情感。也没有哪样工作,是我们天生就会对它“心跳”的。

“用肺工作”是精神力的体现

C:去年有一天,我约了上海工商银行一个营业部的徐晓萍总经理在西郊宾馆会面。我们轻松地聊着,突然她的手机响了,大概是客户打来的。让我惊异的是,刚才还谈笑风生的女行长,瞬间完全变成了另外一个人。她神情非常严肃,讲话的声音也很响,还伴有激烈的手势。可以听出,她是在讲有关一些矛盾处理的事情。让我从惊异变成震撼的,是她那种调动了几乎所有能量的、全身心投入的、彻底忘我的状态,及因此形成的强大气场。临走时,我对她说:“你是用肺腑在说话,叫‘用肺工作’。”用肺工作是超激情,是十二分的投入,用心工作还只是十分。

有的人智商很高，情商也很高，也很用心，但没有大成功，凡事总好像差了口气。差的这口气，就是精神力之匮乏。而“用肺工作”，气场完全不一样，是一种精神力的体现。

Q：“用肺工作”，提炼得真出彩！用了肺腑之言，最具穿透力，最能打动人，最能达到深度共鸣，故而称“感人肺腑”。人不光是血肉之躯，更是精神之躯。缺乏精神力，就会患“软骨病”，就将远离成功。

C：精神力是成功之树的主干。如果我们要把成功的结构图画出来，那它很像一棵树。我们的大脑神经系统是树根，它是指挥智商的，也可以说智商是树枝；那情商就是树叶，对外吸收阳光，得到他人帮助，也可以说是我们的认知系统；而精神力才是这棵大树的主干，是心肺联动的总枢纽。

Q：被美国学界称为“思想巨匠”的史蒂芬·柯维，发现人天性的四个重要部分是身体、头脑、心灵和灵魂，与这四个部分相对应的，是我们大家都拥有的四项基本能力或才能。但人除了体商(PQ)、智商(IQ)、情商(EQ)之外，还有一个更重要的精神才能灵商(SQ)。他说：“精神才能是所有才能中最中心也最基本的一个，因为它为其他三个提供了指导，代表了我们追求生活意义和与‘无限’联络的动力。”这个精神才能，应该就是精神力吧。

C：围棋大师吴清源每次迎战日本棋坛顶尖高手前，都要诵读一遍老子的《道德经》。他说：“我的对手全是日本棋坛杰出之士，就棋艺而言，我与他们几乎没有差别，之所以屡屡获胜，全在于精神因素。”正是《道德经》“无为、无我、无欲、居下、清虚、自然”的思想，使他排除贪胜之心带来的干扰，发挥出最高水平。

解析精神力的元素，就是研究精神的力学。精神也是需要吃饭的，否则精神就会折旧。而精神充实了，就会产生超乎寻常的力量，并且会决定人的思维模式。那究竟何为精神力？我觉得大致由以下几个方面构成。

精神力是分级的，基础是自信、自强、自立、目标、热情、坚持、积极、事业心等；中级包含气势、气魄、气概、激情、胆识、勇敢、挑战、毅力、正义等；高级是理想、愿景、信念、信仰、超激情、超狂的热情与梦想，以及成就感……

首先，我想谈一下激情这个概念。作为精神之躯的人，人生阳光营运的主要养料就是激情。抗美援朝时，我们的装备条件很落后的志愿军，为什么能打得过武器精良的美国兵？靠的就是激情与正义。现在我们一听到“雄赳赳、气昂昂，跨过鸭绿江”的歌声，居然还是会那么热血沸腾，深受感染。

激情从何而来？压力产生激情，强烈的愿望产生激情，志同道合产生激情。激情的作用又何在？激情开发潜能，开发智慧，它让你精神饱满，斗志昂扬，集中注意力，集中力量去快速反应、快速行动。

磁铁具有极大的磁力。激情也是有磁性的，它会产生巨大的磁场。我记得自己早年看到钢铁大王卡内基的传记，心底就会涌起一股气：我想做家具大王。正是这种激情，让我战胜了许多创业时的困难。

Q：有人说渴的时候，恨不得把海水都喝掉，这是超激情。激情确实是精神力非常重要的元素。我们可以想一下，大凡古今中外成功的事件，几乎很难找出与激情无关的例子来。激情还会带来勇气和胆识。

C：身处风云变幻的社会，成功者更需一种超越书本、超越时空的胆识。我称之为“识胆”，就是建立在见识基础上的胆魄嘛。说白了，就是要有那种大气候未成，就能站高望远、预测未来、超前决策、稳操胜券的远见。一个有远见的人，能从现在看到未来，能从眼前的工作看到自己未来的前途，看到能力提升的价值。价值的力量又会拉动自己前进的激情。

激情特别会增强你的勇气，勇气增加力量。勇气还是开发我们潜能最重要的一个因素。对于困难，我们有时候要藐视它，有时候要重视它，但藐视不代表不重视。勇气会分泌荷尔蒙，集聚元气、宗气、怒气和憎气，让你心肺共动——这是激情的最高状态。

从小，我就觉得自己是个有用的人，从没想过做事情会输给别人，别人能干好我也能干好。我记得我当年盖商场的时候根本就没有钱，账上只有100万，实际却需要1000万，但因为我从没想过它会盖不起来，所以思路一下子就打开了。

强大的气场是一个优秀领导者的必备武器，但气场不是天生的，也是通过不断学习、加上职场或社会舞台的锻炼铸就的。一个人要如何铸气？首先是目光要坚定。目光炯炯、专注有神，不躲闪、不游离，才能折射出自身的底气与勇气。其次是谈吐要大气。言谈中充满正气与正能量，有梦想、有格局，有胆有识，对未来充满自信。再者是行动要果敢。言必行、行必果，不幻想、不空谈，脚踏实地，雷厉风行，行动从第一秒开始。不光知行合一，而且精益求精，追求极致。

Q:有两位国外的学者,叫丹娜·祖海尔和伊恩·马歇尔,他们合写过一本书。书中指出:“SQ不像IQ,因为计算机也具有IQ;也不像EQ,因为高等哺乳动物也有EQ。SQ是人类所独有的。我们利用SQ来开发我们对生命的意义、愿景和价值观的渴望与追求的能力。它驱使我们去梦想,去努力奋斗。它是我们采取行动时起指导作用的信仰和价值观的基础。从本质上说,它使我们成为真正的人。”

C:对,还有就是信仰。信念是目标、理想、愿景,而信仰是信念的升华。

星云大师就讲过:“信仰是人生的目标、轨道。有了信仰,就可以找到自己、明白自己、发现自己。因此,我们什么都可以不拥有,但是不能没有信仰。”

前不久我看了一本书,书名就叫《信仰》。书中讲到抗战时期,一个娇弱的富家女本可在世俗的安稳中流连生活,在平庸的生活里享受生命,然而她选择了抗日救国的道路,最终在经受了敌人的严刑拷打之后,从容地选择了死亡,为世人展现了充满理想与信仰光芒的珍贵品质。

对于一个弱不禁风的小女孩,她的信仰与价值观,我们可有几种假设:第一,因为家境好,依靠父母,吃吃喝喝过一生;第二,勉强把家业维持好;第三,通过勤奋努力,将家业继承和发展;第四,有强大的事业心,认为国之兴亡,匹夫有责,选择与日本侵略者作斗争。这个女孩的选择,让我非常敬佩,真的读到了“信仰”两字。她有信仰,就留下了那段时间的价值和永刻在她心中的价值。所以,我立志要打造中华民族的世界商业品牌,这也是我们红星美凯龙现在的信仰。

卢梭讲过:“没有信仰,就没有真正的美德。”有信仰的人,就会坚定自己的信念，创造辉煌；而缺乏信仰的人，对任何事物只会抱有恐惧、怀疑，绝对不会走得太远。信仰是最大的精神力！

做强技能与当代青年的归属感

Q：知道你平时有空也很喜欢看电视剧，听说你看过《北京青年》后有许多感慨？

C：是的，电视剧里讲的何家四兄弟，是这个时代青年的缩影，他们聪明、见多识广，但又有许多迷茫。对大学教育的迷茫，感到学无所用，“牛顿方程”不能带来工作、房子、财富；对社会道德的迷茫，一面躲避崇高、怀疑传统，一面渴望社会有良好的道德风尚；对爱情的迷茫，非常渴望爱情，却没有能力处理好爱情；对前途的迷茫，信仰的缺失，创业、就业的压力……对未来的迷茫其实很普遍，这种迷茫与处于经济青春期的中国、与快速增长的时代背景不无关系。

网上有青年说：“没有目标，不知道自己想干什么，对什么活动都没有激情，没有兴趣。”也有人说：“每天都过得浑浑噩噩，不知拿什么来充实自己，每天心里空荡荡，不知现在要干什么，也不知道以后要干什么。”既不想努力，也不知如何努力，就此迷茫着、浮躁着……很多人为了赚钱努力，但不为自己的技能提升努力，因此很空虚。

Q：你当年也是创业青年，有许多可以分享的体会。那当下的中国青年，该如何走出这段迷茫，找到心灵的归属？

C:我开出的药方是——确立做强技能的价值观!

做强技能,无论具体做什么,每一项都要求工艺精美。就像激光一样,把心聚焦在一点上,对事和物专注研究、反复思考、反复实践。技能多种多样:生产、营销、服务、行政、财务、研发、工艺……每个专业岗位都对应一门专业技能。但只有在市场中,可以与人竞争的技能才是"有效技能"。

以我们商场楼层管理人员为例,其专业技能主要有:顾客技能,即与顾客深入交流,体验顾客的体验,感受顾客的感受;产品技能,即熟悉家居产品等,对产品要反复思考、深入分析。越深入状态越佳、技能越佳,对岗位越有感情。进入这种状态,迷茫自然烟消云散。

不仅如此,技能还是一个重要纽带,通过它可以交到相关专业的朋友(不是那种吃吃喝喝、没有正向交流的朋友)。这样的朋友,有共同语言,能相互提升。具有良好精神状态和正能量的朋友会带来幸福感和启发!

做强技能除了产生价值之外,还会带来诸多的附加值。

做强技能会带来快乐。从心理学上讲,迷茫就是浑身的精力不知道用在什么地方,就会产生茫然感、不适感。为什么年轻人特别容易迷茫?因为他们的能量充沛、过剩。

当你投入地钻研一项技能时,内心就有了方向,精力就有了去处,专注会使你变得安静、踏实。技能的提升,伴随着成长的喜悦、内心的快乐,伴随着激情和干劲,精神面貌将迥然不同。

我有个助理,当年是文艺青年,也曾漂泊、迷茫。他潜心钻研、喜爱上企业文化和工作后,就找到了自己的定位,找到了自己的价值,也找到了内心的充实和快乐。同时,他因为这个文化强项,也赢得了在公司的一席之地。

Q：iPad、iPhone之所以大受欢迎，源于它们与众不同的外观、超炫的界面、人性化的操作、特立独行的风格、多点触摸技术等，其背后是对每一项技能的精益求精，是对消费体验的极致追求，是高度专注技能的完美结晶。

C：可我发现，刚走上工作岗位的大学生，往往把注意力放在领导，甚至上级考虑的"大事"上，不肯做小事，觉得太容易，不愿深入进去……这正符合了目前社会上很流行的一句话："吃的是地沟油，操的是中南海的心。"好多人喜欢说政治、说天文、说奥巴马、说普京……但很少讨论与自己吃饭有关的技能、本职的知识。我的建议是，做大事要举重若轻，做小事要如履薄冰。干一行，专一行，爱一行。现在的年轻人，特别需要坚定自己的专业和喜好，抵御外界的各种诱惑。

做强技能不完全是追求经济效益，更要在技能上找到心灵的归属。目前社会上很多人不是为技能提升而是为赚钱在努力，这实际上是职业荣誉感淡化，功利思想滋长，最终必定导致精神的荒芜、心灵的空虚，而且赚钱也少。所以，当今社会，强化职业荣誉感势在必行。

做强技能才能成功。就像《三个木匠的故事》里，第一个人说："哎呀，我这辈子只能当个木匠了。"于是他浑浑噩噩地做一天和尚撞一天钟。第二个人说："我既然没得选要做木匠，我就踏踏实实地成为一个好木匠。"可第三个人说："我真幸运，我能够做木匠，我要像艺术家那样来规划木匠生涯，把每一块木头变成艺术品……"最后，第三个木匠真的成了伟大的艺术家。把工作当谋生手段的人，一辈子都在为生计奔波；只有把工作当艺术、当创作的人，才能最终成就自己，硕果累累。追求技能的完美，意味着潜能的释放、自我价值的实现。

我听到过一个报道，一个下岗女工，待业在家。她一门心思钻研做饭，一门心思钻研园艺。她做的饭特别香，种的植物特别美。邻居闻知，上门讨教，她悉心传授。于是一传十、十传百，周围人纷纷向她取经、学艺。渐渐地，整个社区的饭都做得特别香，整个社区的绿化都特别美。于是，引来了电视台采访、媒体关注，引来了投资者，后来她拥有了自己的饭店和园林公司，成为亿万富豪。

做强技能，其实质是把品质做好。例如，从桑叶、蚕茧、纺纱、印染、设计、剪裁、缝纫到成衣，从单项产品到组合产品，都精益求精，追求卓越品质。这样扎扎实实做起来的品牌，在市场上自然会有竞争力。

Q：说到青年的迷茫，这不是中国的特色，不是我们的专利。在经济高速发展、文化急剧变革的时代，许多国家的青年都曾遇到这种迷茫。

C：20世纪五六十年代的欧美青年，也曾集体迷茫过、探索过：精神的归宿在哪里？嬉皮士、性解放等运动，都曾经风靡，但都行不通，他们被称为“垮掉的一代”。

现在西方很多地方的人，每天晒晒太阳，无所事事，但以德国人、瑞士人为代表，最终走出了迷茫。方法很简单，就是潜心钻研一门技能，一丝不苟，精益求精，追求技能的完美、精湛。哪怕是一个小工坊，也搞得很精致、很有味道；哪怕是一个家族传承的品牌，也追求精细化、个性化。专业精神会带来幸福感，会填补精神的空虚。

做强技能的价值观，包含了职业荣誉感。在一个良好的社会，只要把本职工作做得近乎完美，就会得到充分的尊敬，自己也能体验职业荣誉感与幸福感。追求最出色的技能已是每个岗位的职业道德。

Q：根据环球网公布的调查结果，中国有37.3%的网友认为德国是“牛气十足的工业制造国”。实际上125年前，“德国制造”的标牌还是英国人故意贬低德国商品而设计出来的，没想到百年后成了掷地有声的高质量品牌的象征。

C：“德国制造”当时是伪劣产品的代名词，但在百年起伏中走到现在，靠的是勇敢接受挑战，在开放的竞争环境中做精做强，以高质量制造为本。德国大众的一名工程师说：“质量是设计、制造出来的，不是检验出来的。”

当今时代，一定是往“精细化”“高技能”“精致品牌”的方向发展，所以做强技能不单是对个体的救赎，也是对整个民族的救赎。科技的基础是技能，创新的基础是尝试，创新发明的灵魂是勇敢和挑战。技能是人和社会的枢纽，技能是构成社会的肌腱。任何一件大事，都是由若干小的技能组合而成的。做强技能不单能解决精神的迷茫，也能创造价值，奉献社会，满足物质的需求，医治时代的浮躁和短视。全民技能提升之后，其共振、复合效应必定推动创新的发酵，促进变革与发明。

当然，解决归属感的途径可能不只一条。但我还是觉得钻研一门技能是较为简单易行的途径。这样既消除了苦闷，又解决了生存和发展等问题，也符合社会的进程，一举三得。

生活体验

开篇　品质工作就是品质生活

Q:关于生活与工作的话题,你之前谈过许多,可最近你怎么又特别强调“品质工作就是品质生活”的概念?

C:是啊,一方面,许多人还是把工作与生活对立起来;另一方面,也是对自己原来观念的提升,更强调了“品质”二字。

现在是品质时代、品质世界了,人人都在追求生活的品质,追求美好的生活,这是健康的追求。但问题是许多人并不懂得生活品质并非光是由物质质量来决定,更重要的是精神质量,其实这也就是一种生活态度。

其实,人80%以上的智慧来自工作,如果没有工作,生活的智慧则可能10%都不到。如果物质品质全拥有了,但不工作,也一定谈不上品质生活。因此,高尚的生活品质,恰是高精的工作品质带来的。

Q:这不仅是价值观,也是思维方式所致。

C:工作不光是生活的基础,它就是生活,可有的人总把工作当成生活的天敌,认为投入工作会妨碍生活品质的享受,这种心智模式一定要改变。

最近有一本书很风靡,叫《魅力》,是《福布斯》杂志的专栏记者、魅力与领导能力专业培训师卡巴恩写的。他在书中主要讲述了专注、力量、温情这魅力三要素,而专注是第一位的。所以我说,什么叫品质工作,本质就是专注工作、钻研工作、精益求精。

那品质工作又会给我们的人生带来哪些绩效呢?

第一,提升了你的价值观:业绩是人生的产品、成就感的引擎。只有品质工作,才容易出成绩,出了成绩,舞台就更大,于是动力与情感就更强,自信、智慧的魅力就不断提升,这是人生的良性循环。

第二,锻炼了你的思维能力:投入品质工作,血液必然涌向大脑,这就会激发你的许多灵感,所谓"急中生智"。我们早年的企业文化就有这么一句:情急之中人的潜能释放无可估量,专注时智慧就产生了。经过这种锻炼,你的判断能力、审事能力、审美能力都会快速提升。

第三,追求品质工作,就会交到许多有共同爱好、共同语言、志同道合的朋友,内心会很充实很快乐;而投入工作,血液会更多流到面部或双手,从而使你容光焕发,活力四射,身心都得到更好的滋养。

当然,品质工作也必然给你带来物质生活条件的改善和提升。

Q:你说过,光是在生活上,其实很难谈得上出智慧,所以,我们也可以倒过来看看,假设不工作,人生会怎样?

C:人如果不工作,一是作息肯定没有规律,晚上熬夜早晨赖床,生理节律被打乱，长期下去身体肯定要垮；二是整天无所事事，导致颓废、懒散，神也肯定散了；三是没有目标，没有挑战，没有希望，人生没有了希望这根线，等于丧失了生命。

你想，即使关在监牢里的人，也是要工作的，否则那种日子无异于煎熬，肯定要斗殴、继续犯罪或者精神崩溃，反而劳动成了给予他们的优待。

这是多么可怕的事实！但即便工作，却是懒散地工作，其实结果与前者也相差无异。因为你的心不在工作上，没有希望，也没有事物情感，觉得是在受罪，整天熬到太阳落山，人生也等于在等着太阳的落山，那身心同样会散、会垮，哪还谈得上生活呢？

Q：你剖析了“不工作”与“懒散工作”的危害，很清晰。美国的心理学家霍华德·弗里德曼和莱斯利·马丁经过20年的研究，总结出：“如果真正热爱自己所从事的有意义的工作，勤奋努力反而有益长寿。”他们说的勤奋努力，正是品质工作，看来这是全人类应该共勉的。

C：我说过，“事做得美和精致，人也美”，这便是品质工作与品质生活的关系。还有一句叫“投入才有精气神”，这应该是对品质工作的注释。

要讲我自己的专注、投入啊，这么说吧，要是我在工作，谁在背后戳我一针我可能我都不会感觉到，或者最多感觉痒一下，绝对不会感到疼痛。20岁出头时，我经常要去工地干活，晚上回家身上不是这里破了，就是那里青了，却不知在何处碰伤的。

还记得我做木工时，有次锯木料特别投入，不想锯子开过木方时，竟把我在那头扶着的左手中指都锯到了，现在这个疤还留在我手指上，倒成了我专注的见证了。

这里要提一下我的小娘舅。他是我中学的同学，虽然大我两岁，但我们人生的起点几乎是同样的，当年我是木工小工，他是瓦工小工。他没有目标和理想，当然就不会专注与投入，32年懒懒散散，得过且过，尽管人很聪明，但却急功近利，终究没有提升，现在仍在工地上做杂工。

人的能力有技能、智能和德能，而一个人调度的能力，只会在工作中产生。

Q：曾听你讲过，一次非常关键的土地招标前，你打电话都是用另一只手紧紧抓住那只激烈颤抖地握电话的手，可见你的专注与投入。

C：是啊，古代的铸剑师，每次开始工作前都要斋戒、沐浴，那些围棋高手也如此，原因是要更静心地投入。其实，即便那些表面粗浅的工作，你只要全身心去做，一丝不苟，都可以做到精微、高端的境界。

就像李娜，平时看上去是那么平凡、普通的模样，但她一旦在网球场上，不但表情美，而且浑身上下都散发出一种无可比拟的魅力。再像郎朗，舞台下也是个普通的小伙子，但他一到钢琴前，那激情飞扬的弹奏状态，完全如入无我之境……运动员、音乐家如此，画家、舞蹈家甚至工人都是如此。

台湾的经营之神王永庆，面部虽是猴相，却拥有超凡的工作气质，因为他把个人的专业发挥到了极致。这个时候，他必然会显现出一种独特的气质，也一定最具品质的魅力。

Q:曾写过《爱上浪漫》那样充满风尚品质的英伦才子阿兰·德波顿，偏偏还写过一本《工作颂歌》，他在书中说:“工作是人生最享受、最持久、最有益的乐趣……我们置身于其中，去使人生臻于完美。”

C:完美的工作才有完美的生活。我们的企业文化里，有打造员工个人品牌这一条。打造个人品牌，首先就是要提升工作品质，成为品质员工，否则你只是一个平庸的人，一个俗人。

把工作和生活分开的人肯定是没有出息的人，看一个人的成就，就是要看他在业余时间都做了什么。

工作有情境、有互动，品质工作的状态，也就是带着思考工作。

工作的过程，便是生命的过程;生命的过程，就是生活的过程。而品质工作的过程，不仅是快乐工作，更是享受品质生活的过程。因为生活的品质不是由财富多少决定的，而取决于我们的精神生活，取决于我们的生活态度，当我们把握好这样的尺度时，我们才会拥有高尚的生活品质。

形象一点儿说，就是如果你在品质工作和品质生活之中，身上会永远充满精气神!

我的“有限幸福论”

Q:你曾提出一个“有限幸福”的概念，这可能是幸福本质的境界了。我们有无限智慧、无限生命，为什么又会说有限幸福呢?这也是一种相对论吗?

C:世事万物其实都是相对的。所谓“有限幸福”,也就是说有“度”才会幸福,无“度”必定痛苦。佛家讲幸福就是稀缺,真正的幸福不是多,而是少,少才会珍惜。

人类文化的精髓是勇敢、智慧、正义和节制。这个节制,一般人可能不以为然,但我非常认同。现在社会上有各种诱惑,所以我们特别要学会节制。人的欲望,在有限的前提下被满足了,你是幸福的;但如果无限制地膨胀,必然满足不了它,那就会变成无尽的痛苦。欲望达不到,或欲望过多,必然带来心苦,带来焦虑、哀怨。

人要在情感和欲望的游戏规则里才有快乐,要让思想管住欲望,才是让自然人上升为社会人的文明进步。

Q:其实,节制就是“有限幸福论”的核心,古人讲“张弛有度”,佛语说“人有多少执着,就有多少束缚”,西方人讲“节制”,都在说明“有限”的能量。

C:节制会带来更大的获得,这就是一种能量。

西方有个沙漠里苹果的故事:说是有一个人在沙漠里迷了路,走了三天,又饥又渴,还没有走出来。他身上只有一个苹果,吃不吃呢?他为此一直在纠结着。可他后来还是决定不吃,一直把那只苹果抓在手里不断奔跑,最终走出了沙漠。

你想,一个苹果能给久困在沙漠中的人补充多大的能量?恐怕就算有10个苹果也于事无补。而让这个人走出沙漠的,正是一种信念的力量。正是这种力量,让有限化为了无限。

交朋友亦如此,你想要即时回报,也是一种不节制。我以前认识一位银行的大领导,我们私交很好,但我从来没问他借钱贷款,即使在企业资金困难的时候也没有。因为我好像心里有了这层关系的保障,就会想出很多的办法来,同时我还可以向他学到许多更有价值的东西。

Q:英国最近有学者研究表明,人的朋友也不能多交,3～5位知己对自己来说是最幸福的。滥交朋友必然交友的质量不高,"有限友情"才会带给你友情的快乐。

C:有限幸福的关键在于自得其乐与知足常乐。但我这里所言,并不是那种消极意义上地对人生浅层次的迁就与满足,而是应该从一个更高的层面上来认知。

什么叫知足?关键是你把什么当成你的参照物。你要比权力大小,你能统治整个人类吗?你要比物质富足,你能拥有整个地球吗?更不可能拥有宇宙吧。所以你能比的,唯有你精神生活的质量,你做好每件事的成就感。

还有一个就是学会接受。其实接受不是消极的,恰恰是积极心态的产物,它会让人正视现实,消除抱怨和恐惧,得到满足与安宁。遵循自然拥有的法则,接受就是"有限幸福"的开始。

Q:上海妇联曾经组织过一个宣讲团,主题就是"幸福不是一种拥有,而是一种能力"。我们没有感受到身边的幸福,是因为对生活抱怨太多。人的认知差别就在价值观上面。我们只有解决"什么是幸福""怎样才幸福",才能明白我们为什么要奋斗,这就是价值观。

C:谈起价值观,就要追溯到人生的意义了。这个价值观的判断是有层次的,你一层一层不断上升分析高度,可以帮助你得到很多的认知,提高认知幸福的高度。当然,你有很多智慧的话,也会带来一些痛苦,增加一些烦恼。这个也是相对的,但体验到的幸福的高度和深度绝不一样。

特别是成就感。成就感是精神幸福的原子弹,能提升人精神幸福的指数,才能懂得"有限幸福",而减少痛苦。作为一名普通的纺织女工,成功转岗成为上海航空股份有限公司乘务员的吴尔愉曾回答记者说,每一次的成功都会让她感到由衷的快乐和幸福,但这种感受幸福的能力是要靠自己去发掘和培养的。而当你把这种思维方式变成习惯之后,你可以把每一项工作都当作体验和享受,幸福也就与你如影随形了。

Q:现代许多人感知幸福的能力好像下降了,也许就是"不知足"而"难常乐"。有限幸福价值观的具体体现,在于你能否停下来,用心去注意与感觉自己其实已经拥有的幸福。

C:哈佛大学幸福学大师泰勒·本-沙哈尔教授说过:"幸福是种感觉、心态,是对客观事实的主观认识,不是客观事实本身,谁都可以幸福。"除了价值观,心态就是体验幸福的工具。他还说:"简化生活,学会专注,不要同时做很多事,才能幸福。""接受自己的全部,允许自己偶尔的失落与伤感。"其实,这些都是在阐明有限幸福。

一旦人们懂得了"有限幸福",生活就会发生根本性的变化。他们会把省下的时间花在那些真正能带来幸福的事情上;他们会觉得花过多的金钱,无限制地追逐物质享受没有太大的意义;他们也不再会与别人攀比而心存妒忌，因为他们明白了所谓的“无限幸福”其实根本就不存在。

“有限幸福”，它其实是在约束将导致你烦恼和痛苦的无限欲望，所以“有限幸福”才会给你带来真正的幸福。

西湖是我的

Q：如今很多人认为拥有财富就是拥有幸福，记得你讲过认知财富也就是认知幸福，我们再来聊聊你的财富观吧！

C：《2009年幸福指数调查报告》说，超过一半的受访者认为，赚到钱才能幸福，金钱+财富=幸福。这就很可怕了，我们在前文讲到“有限幸福”，它的本质在于精神升华，而对财富过于片面的追逐，必然会陷进“无限幸福”的泥潭中。

台湾著名漫画家朱德庸说：“我们碰上的，刚好是一个物质最丰硕而精神最贫瘠的时代，每个人长大以后，肩膀上都背负着庞大的未来，都在为一种不可预见的‘幸福’拼斗着。但所谓的幸福，却早已被商业稀释而单一化了。”对此我很有同感。

Q：寄情于艺术的人，追求的是精神幸福。盖普洛咨询有限公司在全球进行的幸福调查显示，金钱确实能够让你感到满足，却并不一定能够让你真正享受生活。物质财富之生命是有限的，精神财富之生命才是无限的。

C：过去，我想过很多东西，我作为个体可不可能拥有，譬如高速公路，但我又无疑拥有着它，毕竟我每周都要在上面经过几个来回。我们去住五星级酒店，你可能订的只是其中某一个房间，但它金碧辉煌的大堂你也完全可以充分享受。它们都是服务型的公有财富。

后来我明白了，这个世界上其实只有享有，没有拥有。星云大师说，世间有五种财富：物质财富、精神财富、公有财富、心中财富和无价财富。其中，我对公有财富这种说法特别有共鸣。

作为公有财富，像空气、太阳，像黄山、西湖，是他的，也是我的，这其实就是“我为人人，人人为我”的幸福之道。我们说“社会主义好”，好就好在公有财富多。

2008年，我到北京看奥运会的开幕式，在体验上我也就拥有了鸟巢，也因此很有幸福感。我在上海陆家嘴有套大房子，但装好了几乎没怎么住过，因为在里面我没有找到家的感觉，这说明幸福并不在于财富多少。

我在上海西郊的一套房子，尽管是租的，但它的环境好，后面有1200亩的森林，上万棵百年大树。因为我特别热爱树木，我就对这里特别有感觉，由此认定我也拥有了这片森林，把它当成我家的后花园。体验这样一种绿色生活，我认为是最大的幸福！

有次我漫步在西湖边，看到西湖如此之美，不禁大声对着湖面喊道：“啊，西湖你是我的！”对，西湖是我的！黄山是我的！太阳也是我的！

Q：1958年的时候，美国经济学家加尔布雷斯就写了一本书，叫《丰裕社会》。他认为，私人消费和公共服务之间一定要形成某种平衡。比如，没有道路，没有停车场，所有公共设施都是乱七八糟的，而如果每个人都买了车,那势必会引发灾难。

C:像印度,现在私人消费水平很高,车辆看起来很多,但它的公共设施,也就是公有财富的建设非常落后。印度首都的机场还不如中国某些地市级的机场。所以,我们要赢得更大的幸福,就必须珍视、珍惜公有财富,再拥有、帮助和合作,为世界创造更多的财富。

邓小平同志曾经说过:“让一部分人先富起来。”采取的是“先富帮后富”的策略,这就让中国人平均富了50倍,最多有1万倍,最少也富了10倍。我经常给美国朋友讲这个道理,国家之间其实也应该一样嘛,让能先富的富起来,先富再帮后富。而现在世界上有些国家为了自己的利益引发战争,挑起国际矛盾来赚取利益,包括过度保护自己而引发恶斗与战争,这些都是错误的。应该通过先富帮后富,拉动整体富裕,那世界经济30年会平均富10倍。这是更大的财富观吧。

财富是一种测量工具,能够测量我们贡献的多寡。无贡献的人将一无所获;贡献卓越的人,将有丰硕的收获。只有为社会创造财富,才能为个人带来财富,带来最大的幸福。其实这不是大话,我在这些年创业历程中充分感受到这一点,你付出了,社会绝不会亏待你——付出越多,回报也会不知不觉到来。

财富不是争来的、抢来的,是靠德行积累而来的,有多少德行,就有多少财富。帮助别人、待人友善就是“存钱”,别人的心就是你的银行。伤害别人、欺负别人就是“取钱”,越取你的福报越少。古语说:“积善之家,必有余庆;积不善之家,必有余殃。”实际上就是“存钱”多了还可以富及子孙,“负债”多了也会殃及后代。

Q:一位作家曾说,如果恰当的生存需求得到了满足,幸福就完全可以自己掌控。内心充满智慧,面对自己感觉自身力量无限,这就幸福了。谁拥有西湖、黄山?其实我们大家都可以大声说:“西湖是我的!黄山是我的!”只要把财富观与幸福观真正打通,就会拥有一种新智慧。

麻雀的幸福

Q:谈生活结果就是谈幸福。其实,幸福是一种心理感觉,一种心境,一种对生活的理解,一种人生修养。

C:幸福其实是主观的,因此对于幸福,最重要的是感知。

人有三种幸福:一是情感幸福,二是物质幸福,三是精神幸福。首先,情感幸福、物质幸福、精神幸福三者是紧密相连的,缺一不可。其次,精神幸福是人生最重要的幸福,也是最高层次的幸福,因为实现人生价值是每个人追求的最高境界,情感幸福、物质幸福的灵魂在于精神幸福。没有精神生命的物质幸福是麻木的、无聊的,没有精神生命的情感幸福是低级的、无趣的,人是高级动物,需要有精神生命下的情感享受和物质享受。

我还得先讲故事,讲我对麻雀的研究。

清晨在小区跑步的时候,总听到麻雀发出“唧唧”的叫声,而且麻雀在城里的叫声都要比在乡下的来得响。我研究麻雀好多年了。那个叫声是快乐的还是痛苦的?我发现,麻雀通过肚子发声并且头也在动时,就是快乐得不得了的叫声。麻雀几乎整天都很快乐。我们人有麻雀快乐吗？没有，我们好像都没有麻雀快乐。

2012年上半年，我又开始研究麻雀，晚上躺在床上还在想，我没有麻雀幸福，可我比麻雀有钱，它没有房子住我有房子住。但又观察思考三个月后，我就觉得不对了，麻雀还是比我有钱，房子比我住得好。为什么呢？麻雀飞到哪里，它就觉得那个树林、小区是它的，世界、天空、阳光也是它的。而人不是这么认为的，人的思想很狭隘。我觉得我比麻雀拥有的少多了，也因此那天晚上我就没睡着觉，甚至之后连续几天都没睡好。

财富是认知出来的。麻雀认知世界是它的，我认知世界不是我的，所以说，我的财富没有它多，我也没有它幸福。这就要看我们如何认知我们的世界了。

譬如说，太阳值多少钱呢？9兆亿元？那我们有几百万、几千万、几个亿又算什么？即使有几百亿，也只是太阳的一个零头啊！

Q：幸福和痛苦其实是对比出来的，就像白和黑一样，没有对比，你就不会生出幸福的感受。

C：猪的幸福指数似乎比人的高，它每天吃得很开心，哗哗地吃，呼呼地睡，不是吃就是睡，死得也很简单，被拉到屠宰场"咔嚓"一刀就死了。人最大的痛苦是恐惧死亡，怕失去生命。猪没有这个感觉，但它的幸福没有深度和高度。人类度过的有智慧和幸福的每一天，肯定比猪一辈子都值。

人类应该是在勤劳以后才变幸福的，因为勤劳改变了我们的生活规律。我总对孩子讲，真正的幸福是勤奋。可我觉得，很多人对勤奋这个词不是太懂。每一位父母都告诉孩子要勤奋,但是到底什么是勤奋?人类是懒惰并以自我为中心的,每个人都如此。因此,最重要的是勤奋的思想。大脑一定要勤,工业革命也是动脑筋动出来的,如果人懒惰,那就完了。人懒先懒脑,勤也先勤脑。勤奋的人注意力集中,就会有心流的高潮,就会对事物和生活体验热爱与幸福。美国的心理学家从人的生活习惯中研究出影响寿命的决定性因素,其中一项就是:如果真正热爱自己所从事的有意义的工作,勤奋努力反而有益长寿。

Q:已经离世的乔布斯生前说过:"成为坟墓中最有钱的人,对我来说毫无意义。晚上睡觉的时候能说,我们做了一件很棒的事情,这对我来说才重要。"古人讲"勤于思而敏于行",对幸福的感知也要勤啊!

C:更高境界的幸福还要从审美开始。许多人把吃饭、睡觉、玩、夫妻生活当作幸福,却根本不懂欣赏其中的美,又有何幸福可言呢?

工作的过程也是生命的过程,作为红星美凯龙的领头人,我是要带领大家追求精神幸福的。精神幸福包括三个方面:一是知识,二是成就感,三是智慧。有人说,有了成就感,就能拥有精神幸福。其实不全对,因为你的知识和智慧如果达不到一定的程度,是没法拥有精神幸福的;有知识、有智慧,没成就感,也没法拥有精神幸福。

兰花盆被打碎以后

C:讲一个关于心态的故事吧,这个故事是我从于丹那儿听来的。

古时候有一位师傅，非常地热爱自己供养的那盆兰花，每天都要注视它、呵护它无数次。

有一天，师傅要出远门了，他就关照小徒弟，其他事都可以不管，但务必要把他最心爱的这盆兰花照料好，徒弟连声允诺了。

师傅走了以后，徒弟也很是用心，每天学着师傅那样照顾兰花。

很快十来天过去了，兰花长得很好，师傅也就要回来了，可就在师傅回来的前一天晚上，小徒弟可能由于过度紧张，搬弄时一不小心竟把这盆兰花摔得粉碎，这下徒弟可吓傻了。

第二天一早，小徒弟就跪在山脚下等着。可师傅回来知情后，却并没有责怪，更没训斥徒弟，甚至没讲一句话。三天过去了，徒弟紧张得都不敢大声说话，以为师傅气得都不想说话了；又三天过去了，师傅依然如此，徒弟愈加紧张了；再过了三天，徒弟实在忍不住了，壮起胆子去问师傅为何不怪罪自己。

师傅听罢哈哈一笑，答：这个世界原本是快乐的，我养兰花本身也是为了开心，现在你既然把它摔掉了，那我又何必用不开心的方式来责怪你呢？小徒弟这才恍然大悟。

Q：这就是心智模式呀！你说过，人赢也赢在心态，输也输在心态，快乐也就快乐在心态上。这就是积极心态。

C：快乐是正面情绪的原型，心态其实全在自己。过分苛求他人与自己都不会快乐的。

改变心智模式，就是改变心态。当然，这个不是我发明的，是世界著名管理大师彼得·圣吉先生在他的《第五项修炼》中提出来的。但我发现，心态对我们企业经营尤其有针对性，我们的学习型组织也就是基于此打造起来的。

Q：红星美凯龙一向倡导的“快乐工作”，也获得了社会广泛的认同，但要真正做到这一点，非常不容易。

记得2007年红星集团获得中央电视台的“2006 CCTV年度雇主”荣誉，之前就有好几家机构专程到公司来找员工们做访谈。结果是令人满意的，98%以上的答案都是“快乐”。你是如何做到的，是以积极心态为切入点的吗？

C：积极心态大家可能觉得没有什么了不起，但是我认为积极心态是开发智商的一个重要步骤。心态是人的脉，心态节奏把握好，人的各方面才能健康；脉不稳定，发挥就不自然。

积极心态是人的行为动力、思维动力、价值动力，是人的精神能源，因为它会改变人的行为方式、思维方式、价值观方向。

我们看到很多的光明事物，在没有办法的时候，拥有积极的心态，可以想到很多办法，可以激活思绪。消极的心态会蒙住人的思维，这样人就容易变笨，变得很忧郁，到最后就演变成不是心态的问题，而成了智商的问题了。

心态积极不积极会对我们的人生产生非常重要的影响，包括治病和对待感情等。积极的心态才是幸福生活的基因。

在工作上，比如说现在市场不好，我们具有积极的心态就会有好的营销方案，积极的心态就是永远有办法。

人生中碰到失败或挫折，要往好处去想，往好的方面、有利的方面去搜索信息，积累经验，拼命去挖掘好的元素。合作精神、自信、正义、理想、宽容心等，都是由阳光的积极的心态培养出来的人的素质。

Q：佛家有静思语："真正的快乐，不是因为他拥有的多，而是因为他计较的少。"

C：后面还有一句："对人要宽心，讲话要细心。"前面讲到的那个故事里，师傅的心态影响了徒弟，而徒弟改变心态后，又会去影响无数的人。

好心智开发好心态，好心态带来好生活。提升心态必然会反弹性情，对自己、对他人都是如此。

有一个好心态，你就会觉得你做的是自己心仪的工作，而每天做心仪的工作一定是快乐的。

让人不快乐的那枚金币

Q：有人说："常人把快乐视为情绪，智者把快乐视为能力，成功者把快乐视为责任。"那我们又如何让快乐成为习惯呢？

C：还是先讲个故事吧，也是我从别处听来的，觉得很有意思。

说有位国王，虽然天下尽在手中，但好像还是不满足，总觉得缺了什么。缺什么呢？缺快乐。

他总是看见御膳房的一位厨师每天都哼着小曲在劳作，脸上洋溢着幸福和快乐。

于是，国王问厨师：“你为何总如此快乐？”

厨师答道：“我所需不多，有间草屋，肚不缺暖食便足矣，偶尔多一件小东西都能让我的妻儿很满足，所以我一家人天天都快乐。”

国王听罢，似乎难以理解，又去问宰相。

宰相回话：“看来这个厨师还没成为‘99族奴’。”

国王更不解了。宰相说：“明天我们做个实验，陛下您就明白了。”

第二天一早，国王就按宰相所言，命人把一只装有99枚金币的布袋悄悄放在了厨师家院内。

厨师出来时，当然发现了这只布袋，并好奇地拿进屋里打开。天哪，全是金币！他先是惊诧，接着狂喜，还叫来妻儿一同数金币。怎么不是100枚呢？厨师认定不应该是这个数，于是数了一遍又一遍，但还是99枚。找遍了整个房间后，他彻底绝望了，心中沮丧到极点。

他决定早日挣回一枚金币，以使自己的财富达到100枚的整数。但也正是从那一刻起，他不再像往日那样兴高采烈了，小曲也不哼了……

当然这只是个故事，可生活中确有一大批属于“99族奴”的人，他们其实已经拥有许多，却为了那个额外的并无实质意义的“1枚金币”，不惜付出失去快乐的代价。

Q：这个故事太有意思了。生活中其实已存在99件值得高兴和满足的事，但因为突然出现凑足100的可能性，反倒把原有的一切全打碎了，所以我们应该先珍惜所拥有的东西。

C：对啊，你想那位厨师如果拥有了100枚金币，马上又会想要200

枚的，他原来拥有简单快乐的心态已经被破坏了。这里还有个故事与大家分享。

一人问佛："我为什么老是不顺心，快乐不起来呢？"

佛曰："因为你没有学会给予啊！"

那人又问："我什么都没有，如何给予？"

佛又曰："一个人即使一贫如洗，也可以给予他人七样东西：一是颜施，即微笑处事；二是言施，多说鼓励、赞美和安慰的话；三是心施，敞开心扉、待人诚恳；四是眼施，把善意的眼光给予别人；五是身施，以行动帮助别人；六为座施，即谦让座位；七乃意施，即有容人之心。有这七种给予的付出，你将不会困苦，事随人意，快乐常在。"

以加法的方式去爱人，以减法的方式去抱怨，以乘法的方式去感恩，以除法的方式去仇恨，方能做快乐真人！而正义、宽容、坦诚、豁达、善良、付出等美德，都是快乐心态的营养剂。

Q：快乐心态也需要修炼。这种修炼的本质，也就是道德修炼。如此修炼后的良好心态才能与社会接轨，与自然和谐，否则你纵有再大的才，也只会带来玉石俱焚的结果。

C：日本有一本书叫《脑内革命》，书中说人在快乐时会分泌出一种叫吗啡的荷尔蒙，它会提升你对抗忧郁的能力，增加抗病抗菌细胞的数量，从而提高你的免疫力，当然还会帮助你提升信心。你今天的自信就是明天快乐的保证。

快乐常在至少能增寿9年，心态乐观的人的生活方式更健康。

在西方的基督教里，做了坏事就得忏悔，而这种忏悔其实就是调整心态。我现在把它延伸开来：做坏事肯定心态不好，肯定对生命有害。我是从来没见过长寿的坏人。亦如星云大师所言："当心中常常喜欢慈悲待人，无形中我们的相貌也会随之祥和；但当常常生气，相貌会呈现一副凶相。净化心灵，让心底纯净善良，自得一副美貌。"

"当下"是"今天"的1万倍

Q：你很强调"当下"这个词，提出了"当下体验，当下解决，发挥当下，吸收当下"的"当下说"，把"今天"和"当下"讲得非常透彻。很多人在这个问题上还是有误区的。

C：一天有24个小时，每小时有60分钟，每分钟有60秒，我们要抓住的是每一个86400秒之一的当下。许多人认为今天就是当下，当然有今天的成分，但我说当下就是现在这一秒钟，是此刻。相比之下，今天则太漫长了，因此当下的效应可能是今天的1万倍。而明天呢？它就可能是8万倍，后天则可能是20万倍！

我们早年的企业文化中有一条"行动从第一秒钟开始"，就是在强调抓住当下。

当然今天是当下的平台，所谓"抓住今天的成功"，是我创业多年的心得，也就是抓住当下的力量。

Q：有的人往往想的是，我过去怎么样怎么样，将来我要怎么样怎么样，却从来没有珍惜当下的分分秒秒，做好当下的事。

C：不管生活还是工作，离当下越近越幸福。生活离当下越近，越能品味，工作离当下越近，越能投入。我们要时刻在当下，才能体验当下，享受当下。事情要一件件做，今天成功了，明天才会慢慢地成功。个人发展上，放弃今天的成功，也就是放弃明天的成功。放弃了当下的每一秒，也就是放弃了现在。星云大师曾说："懂得利用时间的人，便是懂得生命的智者。"

今天的成功带来什么？带来别人的认可，这还是小的方面，更重要的是自己的成就感。自己的成就感是大脑的营养。有些人不重视今天的成功，总是想明天再开始努力、再开始奋斗。

多年前，有个丹阳的女孩子想成为画家。有一次，她跟我说："车总，我准备10月1日开始奋发图强了。"我对她说："你肯定不会的。因为十一刚好是黄金周，那么你肯定想休息，不想干活，想等假期过完再说，那就10月8号了；而10月8号你觉得不太好，你肯定想我元旦开始一定要发奋了；但是元旦又休3天，于是就1月4号了；这个日子你又觉得不太好，于是你就想那就到春节正月初一再开始；正月又是假期，那么就推到春节过完，正月十六；这个日子你还是觉得不太好，于是又往后拖延，就永远也不会发奋了。"

人总是会给自己找很多借口。我问她："今天几号？"她说5号。我说："那你写下来，就从9月5号上午开始，今天的现在就开始发奋。你晚一个月干吗？应该从此刻开始！"

Q：这个例子太典型了，生活中很多人很多时候都是这样的。问题出在哪里呢？一个是意识，一个是习惯，当然关键在于意识。

C：就是女孩子要减肥，也一定要从今天开始，从当下开始。很多人都会说明天开始吧，但明天又会有新的念头。说了做不到会很痛苦的，也会对自己的心灵失去信誉。

其实，“当下”这个时刻我们自己完全可以把控。

你想，你结识了一个女孩子，想同她谈恋爱，估计就不会跟这个女孩子说我们晚几天再开始谈。你肯定恨不得马上就谈吧，自然就抓住当下了。

但在单位里，有人即使工作得不顺，也会被动地应付过去。因为他会想，反正这个领导也不认可我；或者认为这个问题已经超出我的专业，我根本解决不了；再或者是我运气不好，干吗还要发奋，等换一个领导再说吧。不去沟通，也不去争取，或者争取了一次，就不再争取第二次、第三次了，就这样拖延，找借口，归因于外界。总给自己找理由，永远有借口，这样的人，只会永远在原地踏步。

今天会有今天的困难，但是今天的困难要今天解决掉，这一刻的事情一定要在此刻解决。我的习惯是明天的事情今天想好，能做的今天就做掉，不能做的今天想好明天怎么做。

有人总是在当下懊悔过去的失误和挫败，或忧虑未来的压力和困难，这种人的一生都是痛苦的。我在空闲时会回味过去的快乐和成就，憧憬未来的愉快和美好，并在工作当下就体验到工艺、创意、做事完美所带来的愉悦与享受。当下遇到困难时，我总是迎接挑战并战而胜之。遇到挫败时，我总是自勉幸亏没有更差，万事总往好处想。

人如果活在过去和未来的压力中，不活在当下，就没有快乐可言。有本书叫《专注的快乐》，书中讲了一个十分专注当下工作的电焊工，他不仅白天在工作中非常投入，总像园丁呵护花木那样维护他的机器，到了晚上，在梦中他都能开心地梦见机器零件的结构，从而每天内心会产生一种非常愉悦的“心流”。当下给了他巨大的快乐。

Q：活在当下，才能获得真正的幸福。生存即拥有，活在当下，就拥有当下这个世界。埋怨和应付是人最大的损失。

C：像有的人，睡醒了赖在床上不起来，身体亚健康却不肯锻炼，小病拖着不看医生，在做工作但并不投入，明明能力不够还死要面子硬撑，连自己“吃饭”的技能都不肯花时间去补、学、练……其实就是在放弃当下，或者说是在享受他自认为快乐的“伪快乐”。

人如果老是在回想过去和幻想未来，那就没有当下的生命，就是在辜负生命。

请把当下意识作为一种习惯

C：“请把对当下时刻的意识作为一种习惯。”这句话不是我说的，是那本超级畅销书《当下的力量》的作者，一个叫埃克哈特·托利的德国人说的，我觉得这句话讲得非常好。

人缺乏或丧失了当下意识，是懒惰的习惯在作怪。人懒惰的后果是什么，就是大脑懒惰了。人手懒惰了还不要紧，但是大脑懒惰了就很麻烦。人其实本性中是有懒惰的，这在某种程度上说也是好事情，人要想懒惰，就要逼迫自己去动脑筋、想办法，就要去创造，可以说通过大脑的勤快去满足手足的懒惰。工业革命就是这样被推动的。

有一次休假，我与几个同伴打了半天牌。我发现，有个人打牌精力不集中，结果当然是输牌了，因此他得到的是自己的挫折感和合作者的埋怨。这给了我一个启发：他根本不在当下，当下就是全身心地投入打牌。连打牌的娱乐都不能投入，那工作一定更不会投入。有赢的愿望还不够，关键是要培养赢的行为，要把赢的意愿化作赢的行动。身心投入是一种必须的习惯。

Q：不能进入当下的情境，也可以说是当下能力不强的表现。而放弃当下，就放弃了成就感。

C：养成"当下习惯"的原动力是勤劳。我们家原先是农村的，一家都是种地的农民。对于农家来说，"一年之计在于春，一日之计在于晨"此类的话，就是"抓住当下"的意思。

我的母亲，可以说是"勤劳当下"的楷模。那时，母亲一个人要种7亩地，每天天刚亮就下田干活了，而且去时挑满肥料，回来时担里又装着用于垫猪圈的土块或农作物，从没空担。正因为过于劳碌，她过早去世了，但她身上那种"当下的力量"，需要我们第二代、第三代人来秉承、延续。

田里的庄稼是一天一个样，今天不收，可能明天下雨就会被冲坏，没办法不抓住当下呀！现在我把它运用到科学管理上，运用到生活哲学上，仍是真理。

很多想办的事当下不办，大脑就会积淤，还会不断跳出来扰乱思维。

人是不能控制过去也无法控制将来的，能控制的只是此时此刻的心念、语言和行为。从某种意义上说，过去和未来都不存在，只有当下是真实的，这也是赵朴初先生讲到的“当下定律”。所以，只有积极地做好当下的事，把修造命运的专注点放在当下，命运才会于不知不觉中向好处发展。

Q：开始提到的《当下的力量》，被誉为最具影响力的心灵之书。书中有这样一个情节：在一个浓雾弥漫的夜晚，你一个人独自走在路上，你有一个光亮很强的手电筒，在浓雾中开辟了一个狭窄而明亮的空间。浓雾就是你的生活情景，它包含着过去和未来；手电筒就是你的意识所在；明亮的空间就是你的当下时刻。

C：所以，我们每个人都要紧握住当下的手电筒啊！

不要让事情过夜，当时事当时了。做到当时没有事情做，就会想做更重要的事，想未来战略。当时事必即时分析，当时事必用心、必匠心。

一天天就这样过去了，我觉得我们每晚都应该想一想：今天到底做了什么？对自己的成长有什么帮助？每天都想才会进步。每天都要反思，反思后要进行改进。正如荀子之言：“君子博学而日参省乎己，则知明而行无过矣。”这要成为一种习惯。

要是一个人每天下班都在想，我今天又少做了事情，多舒服，一天就混过去了，这就很危险，他很快就会完蛋。你想一想，丢失了当下的手电筒，还会拥有明天的光明吗？

情境会激发情商

Q:《错觉》一书的作者,美国人约瑟夫·哈里南分析过:我们看到的只是自己感觉的那一部分,我们只注意自己希望看到的。这都是情境的原因。他还说:“了解事情发生的情境极有必要。”可以说,情境是情商开发的最重要的外因。

C:对,情境会激发人的情商!

情境是由各种各样的事物构成的。譬如,有成就感,是情境;受到别人的表扬,也能构成一个情境;碰到对手或敌人的挑战,也是一种情境;你去消费,那商场或饭店就是情境;你去旅游,自然环境是情境;小孩上课,课桌、老师和写字的黑板是情境……2010年上海世界博览会许多国家的展馆我觉得建得很好,因为它们都是通过情境化的演绎来体现各国精神的。

在情境中,人就能进入四维生活,反过来说,人的立体思维也就是情境。

关于情境,著名心理学家弗雷德里克·皮尔斯认为:情境就是此时此刻,是当下,是唯一的现实。对我们来说,除了此时此刻的情境以外,不存在任何别的东西。人的注意力往往是不够集中的,那就更需要让大脑情境化。它会让你完全处于状态之中,并更投入当下。

情商高的人,反应于当前情境,并被当前情境所指引。这种人的反应是灵活的,是现实主义的。他们与现实处于完全接触中,客观地感觉情境的各个方面，而不是通过不合理的幻想、经验、书本或他人的指示察看情境。

Q：说到底，活在情境中，那就是接触真实，面对现实，客观、自然地应对，要去除太多的幻想，去除教条。

C：情境对于当年的毛泽东来说，就是实事求是，找出本质，找出规律，按事情的本质规律办事。譬如，当时社会的本质就是，农民要有土地和粮食。而应对情境的方法便是：一调查研究，二总结经验，三提炼思想，四理论指导。

所谓的情境领导，用一句话解释就是，管理者在领导和管理团队时，不能用一成不变的方法，而要随着情况和环境的改变来调整自己的领导和管理方式。其核心就是《孙子兵法》上的“因人而异，因地制宜”。

前面提到2005年我和彼得·圣吉在沙漠里旅游，他说过一段话：“领导力的本质，在于将愿景与现实联系起来，让个人愿景成为共同愿景。树立愿景不难，真正难的是开诚布公地面对现实。”他这里说的面对现实，就是在情境中。

Q：古人言“触景生情”和“近朱者赤，近墨者黑”，都是讲情境对情感的影响。关键要在那个情境当中，才能建立情感；情感的浓度，会凝成情结，再进入情境，这是个循环。

C：我参加过智英组织，听过彼得·圣吉先生的很多深度会谈。什么是深度会谈呢？就是讨论细节，剖析得详细，当然前提是听得仔细。很简单，他首先教我们怎么听。我说，我们不会听吗？后来我听他讲课后，才明白听也是有技巧的。要学会倾听，听的本身就是你在记，并融入那种情境当中。假如连场景都记不住，那你就不在这情境当中。

还有就是讨论，它会增强你的记忆，激发你的灵感。因为讨论的本身就构成了一个情境。故事也是情境。一幢建筑，为什么除了规划图、施工图，还要先出效果图？就是通过情境规划，激发对方的认同感。

我们红星美凯龙的商场，办公区通常设在顶层，员工每天上下班都要经过各个楼层，目的就是通过情境来增强管理人员的现场感、第一时间感，从而提升他们对市场的敏锐度与快速反应能力。

人在那里一天，心就要在那里，眼睛就要在那里，耳朵就要在那里，我们的思考才在那里。不要我们的人在那里，心却不在那里，脑子也不转动。高情商的特征之一，就是专注力强。情商会帮助你抓住事物的精髓，知道把注意力聚焦在何处。

人是人的外因

Q：人是人的外因，这是经常听你讲的，我也非常认同的一句话。你还有一种说法："人是人的环境。他人是你的环境。"

C：环境有自然环境和人文环境，人文环境就是与你相处的人。你从出生到成长，所接触到的各色各样的人，构成了你的外因。

人生的四大要素——价值观、思维方式、情商和行为方式，其实很大程度上来自外因的作用。

我曾和彼得·圣吉请来的一对美国人力资源专家老夫妇聊天，我问他们：人成长的内因和外因是什么？他们没听懂，我问了三遍，翻译了三遍，他们才终于听懂了。

这位专家说，人的成长只有外因，没有内因。你所在的自然环境和群体环境就是你的外因，它会影响你。小时候，你的父母就是你的外因，父母亲懒洋洋的，培养出来的孩子肯定没活力，父母亲勤劳正直，孩子肯定正直朴实。《时尚家居》的主编殷智贤说："一个高素质、高品位的母亲可以影响九代人。"长大后，你交往的朋友往往就成了你的外因。

内因叫遗传，外因就是影响，外因绝对会影响你的思维性格。就像我的孩子：儿子平平现在分析问题注重即时与深度，会盘算得比较透彻；女儿露露呢，分析起来则更偏重即时，自信加上果断，更多凭直觉。我觉得这两种思维好像都是受了我这个外因的影响，因为我让他们从小就与我一起思考和分析问题。

Q：思维性格是否也有血缘的因素？过去我们总讲，外因是变化的条件，内因才是变化的根据。对于个体间的差异，内因完全不起作用吗？

C：美国人做过一个实验调查：有一个家族，前面的11代，有1000多人，居然大多数是小偷，还有杀人犯，最好的也只是工人。后来，人们把他们第12代的100个孩子，分别让100位教授收养。结果几十年后，这些孩子都成了社会精英，其中有一个做到国防部的副部长，教授级的有30多个，至少也是警察和教师。他们的性格大部分也是由外因作用而形成。

由此可见外因的力量了吧！这是一种外因的正能量。文明的环境和精细化的习惯，都可以成为外因。

你说有内因吗？没有内因。或者说如有内因的作用，它也根本无法与外因抗衡，尤其是在当今社会，个体间更大的差异来自外因的作用力。一个人从幼儿园开始到小学、中学，接受的都是外因的影响，包括老师、同学等，将来是异性、对手和朋友。价值观、积极心态、思维逻辑、成就感，包括遇到挫折后的处理方式，敌对与欣赏、表扬与侮辱等，这些外因都会对你产生极大影响。

Q：未来外因的影响可能更为巨大，从这个意义上讲，人的成长和成功更多要关注和研究外因，因为人刚出生时的环境差别在逐渐缩小。

C：人的一生其实是很狭小的一个圈子，成功要看谁的圈子素质高，而不是看数量多少——这个“10·30·60”定理是我有一天无意中在手机短信上看到的。

这一定理出自一个调研统计结论：对绝大多数人来说，遇到困难时可以开口借钱的人，不会超过10个；紧密联系的人，不会超过30个，其中还包括上面的10个；而常联系的人，不会超过60个，其中还包括上面的30个。这一定理告诉我们，这60人的外因群的素质和能力，也许将成为你成功或失败的决定因素。

哈佛大学的教学宗旨是学生的回答要比老师的好，这点学生做得很好。因为你认识了一个比自己好的同学，同学就把你同化了，当然前提是你不依赖他。你虽然很优秀，但要是一堆同学比你差，最后你也会退步，这就是我们常说的“染缸效应”。一旦这个圈子差的比好的多，差的就会同化好的。只要你有好的朋友在身边，就会产生共同的价值。

再讲一个故事：有个很大的原始部落，那里的人都很野蛮，整天斗殴，也不穿衣服。有位英国的绅士了解到这个情况，就带了部放映机过去，他本身是个放映员，就每天为那里的人放一场宣传文明的电影。慢慢地，当地人开始穿衣服，帽子戴正了，言行举止也文明起来……

不久，当地一个地痞见大家都很听英国绅士的话，不服气，也设法搞来一台放映机，可他每天放的都是混乱的邪恶的内容。于是，部落的人又回到了原先的样子，又变得野蛮了。那位英国绅士还是坚持每天放文明的电影。一年过去了，两年过去了，终于，那些野蛮人又逐渐改变，开始走向文明。

这就是外因的引导力，也是人文环境的影响力。人与人的交往，本质上是一种文化，外因其实就是文化感染的力量。

更重要的是体验他人的体验

C：我们说体验，其实体验他人的体验更重要。做企业，做管理，做营销，对人的认知与研究很关键。当然，在生活中也如此。你想拥有一种好的生活，必须关注你周边的人。第一步，体验他人，把别人的事当作自己的事来体验；第二步，体验他人的体验。

Q：人与人是不一样的，这种差别构成了一种认知的空间。所以，你常常在重要的会议上强调感知他人与感知自己的关系。记得你有句经典的话："感知别人的感知，体验别人的体验。"

C:是啊！讲个我儿子读初中时的故事吧。

有天晚上，我带平平在小区内跑步。当时他性格还比较内向，而我性格比较外向，我希望他也养成外向的性格。于是我一边跑一边高喊："一二三四！一二三四！"我说："儿子你也跟着我喊。"

平平却对我说："爸爸，现在是晚上快十点钟了，如果你睡在床上听到有人这么喊，你是什么感受啊？"

我当时就愣了一下，我说："你这个体会非常好，你能够感知别人。"

感知别人，不仅是一种意识，更是一种能力。尽管他还小，但已经具备了这方面能力，那他将来加上专业知识，就肯定会成功。

我们做商业零售，要特别善于感知消费者的喜怒哀乐，特别是他们的需求烦恼和他们的抱怨。如果我们不能感知这些烦恼和抱怨，其他的做了也等于白做。

我请从宜家退休下来的副总裁高让先生做了顾问。他年轻时在美国做宜家店长的时候，星期天就在宜家的停车场帮人家搬家具，还指挥停车。在这个过程中，他问人家："你为什么会到宜家来买家具？你对宜家有什么看法吗？"他真正在体验、感受的时候，人家才乐于告诉他真实的想法。你要是在路上拦着人家，问："你为什么来红星美凯龙买家具装修材料？""你对红星美凯龙有什么看法吗？"人家肯定不会说真话，没有直接感受和体验的所有采访信息都是不真实的。

我们首先要体验的，就是顾客的商业诉求，譬如说他的信任度，产品的品质、多种款式对他的吸引力，购物过程的便捷程度、产品的价格，以及他在这个商业空间情境里整体的或者局部的感受……这些，我们的管理者、经营者都要很好地去体验，才能把我们的事业做成。

Q:正如一个政治家,如果不了解百姓、企业、下级的喜怒哀乐,就不是一个好的政治家;一个演员如果不了解、不体验观众的感受,就不是一个优秀的演员一样。

C:这要形成一个习惯,形成一个思维逻辑。领导者更要善于感知别人,这样才能体会别人,才能抓住别人的心。

我有时候会故意去逛商场,因为我想了解消费者的状态。真正体验对方的感受,这就叫设身处地。通过观察、分析、体验他人的喜怒哀乐,甚至模拟他人,并善用口头语言和肢体语言,让对方也体验到我们的喜怒哀乐、酸甜苦辣,这样才会让双方很快地了解彼此的情感和情绪。

Q:我发现你特别能感知和体验对方。在外交上,不少人认为你是因为聪明、反应快,成功率才如此高。其实你有一个法宝,就是对对方的感知与体验。

C:可以这样说吧。我们搞外务,目的是合作成功,要合作双赢,当然首先得沟通。那么,沟通的基础是什么呢?就是体验他人的感受。

譬如说,一个远道而来的客户,已经坐了很长时间的飞机了,他的感受是什么?是疲倦。如果你马上就把他接到公司会议室里,然后急吼吼地同他讲方案、谈条件,你说,可能达到效果吗?不可能。你忽略了对方的感受。

当然,这是最浅层的体验。可能你自己是个工作狂,但你不能把别人也当成工作狂。当然,他可能也是个工作狂,你若为了让他解乏,给他安排大量的休闲项目,他可能也会不高兴。怎么判断?通过你的观察,去感知他的感受，去体验他的体验啊！

白领应该花一笔钱去体验成功人士的生活，成功人士也要花时间去体验白领的生活与感受，这样白领就会树立更大的奋斗目标，成功人士也会因为多了对社会的了解而更成功。你想拥有一种好的生活，必须关注你周边的人，把别人的事当作自己的事来体验。我住酒店总是舍不得用大毛巾，因为会增加洗衣工的负担。双休日我尽量不在家吃饭，这样保姆就能在休息日休息。我的司机晚饭前送我到晚餐地点后即可下班，不用等两三个小时再送我回家，平时晚饭后和双休日我都是自己打滴滴。为他人着想是我的本分，为企业着想是我们大家的本分。

体验别人的经历，可以增加和提升自己的智慧。体验他人的感受，就会多一份对人性的了解与洞悉，甚至去体验你的竞争对手。在体验中先过招，不就知己知彼、百战不殆了吗？

他人的眼光是另一面镜子

Q：你给员工做培训时，经常会讲到还有“另一面镜子”，这很有意思，在此不妨把这“另一面镜子”介绍给更多的读者。

C：早些年，我们公司的企业文化中有一项具体的要求，就是照镜子。我让人力资源部给公共办公区域都安了一面大镜子，并且要求员工每天都要照几回。镜子上还印了一行字“一审形象，二审仪表，三审气质”——这是对员工自我形象观照的基本要求。

人人都会照镜子，但我后来发现，生活中还有一面镜子，而且是更重要的镜子。它的镜面是用什么做的？是他人的眼光。

这面镜子，照出来的客观对象尽管还是照镜者本人，但神情状态已全然不同。这里其实我们要解决的问题，是思维习惯和客观影响力的问题。

Q：所谓“另一面镜子”，就是一种思维反弹的影响力吧？

C：其实，人的能力说到最后就是一种直觉。直觉从哪里来呢？知识的积累，加上肯定自己，也就是自我认定。

比如说，认定自己能力非常强，马上直觉就打开了。直觉一打开，这个事物的节点马上就出来了，别人看你的眼光马上就不一样了，不一样的眼光马上就反弹给你，你马上就更自信；然后别人一看又觉得很好，他们的眼光马上就又反弹给你，这不跟一束光在几面镜子间翻来倒去一样嘛！

这面镜子里的人是谁？镜子里的始终是我们自己，不是别人。但别人永远是我们的一面镜子，它会反弹。你强了，它看你的眼光不一样了，就会反弹照给你，你差了它也马上照给你。它永远照着我们。

我们周边的人就是我们的镜子，是似乎看不见的另一面镜子。当然它不会说话，没有谁会说你不行。

Q：你说的这面镜子其实无处不在，但一般人只会注意反映自己容颜的镜子，而往往忽略他人的眼光这“另一面镜子”。

C：我想再强调一下：如果有一种不屑的眼光反弹到你身上，然后你就会开始认定自己不行；然后反弹给别人，别人的眼光又反弹给你。别人认定你不行，往往到最后就是不行。西方有一句谚语说：一个人幸不幸福，不取决于自己，而取决于邻居看他的眼神。可见这面“镜子”的作用力。

人的能力和人的成长到最后还是对自我的认定。这种反弹效应我觉得对人的激发力和摧毁力是很大的。

当然，还可以看看别人的镜子，别人有什么缺点也拿来反省自己，所谓“众生皆我相”嘛。

老穿皱衣的小孩

Q：你在成长哲学里说到了“另一面镜子”的反弹，记得你还讲过一个老穿皱衣的小孩的故事，我觉得挺有意思。

C：故事是讲有一个小朋友，从小对穿衣服不在意。主要是他妈妈觉得孩子小，又不要讨老婆，衣着外表根本无所谓，就从来不关心、不重视，给孩子穿的不是皱衣服，就是脏裤子。于是，别人都认为他笨、脏、卑微。这个眼光反弹给他，小孩就觉得自己很脏、很卑微，他长大后还是很自卑。因为自卑，他小时候学习就很差，工作了也什么都做不好，生活也总是不顺。这个自卑，成了他永远的精神镣铐。

这个故事其实是真实的，而且在生活中还很常见，本质同思维有关，但今天我要把它延伸到教育观念来讲。

Q:在教育中,孩子的自我认定是一个关键。而最关键的,是影响、引导、启发,而非说教。

C:孩子的成长更多还是靠自信,靠他人的肯定,靠被激励的感觉。即使是大人,遭受的挫折太多了,对他的心理健康也不利,对其成功也有阻碍。

爱因斯坦小时候成绩很差,老师认为他笨,大家都认为他笨,只有他的母亲固执地认为自己的儿子最聪明,老师才是笨的。这位大师就是在母亲这种信任与激励的目光下成长起来的。其实,这也是一种“深信定律”:一个人深信积极的事物会发生,那这个事物就一定会发生,关键是要深信。

对于如何开发孩子的智商与情商,我用心琢磨过。在家里,我会故意装笨来教育我的孩子,装得什么都不懂,完全大傻瓜一个,先静静地听他们讲话,等他们统统讲完了,再表扬他们的优点。现在儿子和女儿见到我就说我真笨,其实他们不知道我是装笨。现在我装笨的水平更高了。我的思维比他们慢一步,他们的思维就变得快起来,下次再表扬他们思维还会更快。

Q:教育孩子,装笨好像是你发明的高招嘛!你自身的言传身教,也会使他们更聪明、更勤劳。

C:再说一个我女儿的真实故事。

我女儿现在在多伦多读书。记得她小时候我带她去欧洲旅游,有一天黄昏时我们一起回酒店,途中她不小心让手里的一个矿泉水空瓶滑到门口的坡下去了。过去她妈妈总给她讲有关环保、公益的道理，当时我故意说："算了吧，反正是空瓶子，天又暗了，也没人看见，再说这个小山坡下还是个坟地呢。"可女儿二话没说就奔下去，把那个空瓶子捡了上来，而且还很自豪地批评了我："妈妈不是一直教育我们不要乱扔东西的嘛！"

至此，我的目的已经达到了。反过来想，如果大人当时首先责令她去捡，或者还要再次重复一通大道理，结果可能就适得其反了。当她捡上来之后，你先自我批评再不断表扬她，你想这样的效果会不会更好？

Q：你利用了小孩的逆反心理，成功达到了教育的目的。可惜现在很多家长都不善于这么思考和处理。

C：教育孩子是法无定法。我是结果论者，实践证明，我装笨是很有效的方法。就是在公司里，管理者也不必事事在下属面前逞能，甚至也可以装笨，这样反而会让员工们更聪明，成长得更快。否则，什么事情你都快一步，到最后他们就没积极性了。

教育孩子还有一点，就是要注重思维环境的营造。要知道，孩子的思想是无法超越他常接近的那几个人的思想的。所以，父母常带孩子到各种优秀人物集中的场合，他会有不可思议的变化。

让孩子从小接触优秀的人，其实也是帮助他通过找偶像来设立目标。孩子学习上的动力，更多来自目标，而非兴趣。你想，现在有多少孩子读书的兴趣真来自内心呢？

除了思维的软环境，教育或者培养孩子成长，还有硬环境的问题。

我是搞家居的，就家居环境对孩子的影响做过研究。我认为，如果是一个男孩，那他生活的空间，就一定要布置有诸如飞机、兵舰、枪或者足球、篮球等运动器材，让充满阳刚之气的氛围帮助他增强男子汉的自信、个性、勇敢。

假如是女孩，则要多放些花、漂亮的洋娃娃，挂个风铃之类的小道具，让这个屋子的环境很温馨、很优雅。她的气质就会潜移默化地往这方面接近。洋娃娃的发明，与英国贵族淑女的气质塑造有很大的关系。

可惜现在很多人对孩子成长的居家环境不够重视。当然培养孩子的素质，还应该带他们多去听听音乐会，多去看看美术展，有条件的还可以多出国开开眼界。

再回到开头那个故事上来，如果那个孩子的妈妈给他穿得整洁些，让他的形象有所改变，老师和同学对他的看法肯定会不一样，那他以后的成长也会与原来有天壤之别。

Q：现在很著名的日本艺术家村上隆，就是因为在十多岁时，他父母带他去参观了一次画展，而从根本上改变了他的人生轨迹。

C：注重反弹影响，尤其是家长们，千万别让你的孩子老穿皱衣服！要用心为孩子设计发型、搭配好服装，而且每天帮他们把衣服熨烫平整，让他从小就懂得体现独特的个性之美。

把家当成一棵树

C：把家当成一棵树——这是我的理念。

为什么？理查德·卡尔森在他的书中说："爱植物本来的样子是很容易的，因此栽种一棵植物可以提供给我们一个绝佳的机会练习无条件的爱。"

对于家庭，我们不正是需要一种"无条件的爱"吗？他的话给了我莫大的启发，本来我们都在精神生活的目标下寻找内在的平和，但一旦有了条件的前提，期望对方所作所为都符合自己的意愿，期望对方会遵照自己的行为方式而改变，那一切就会变得很困难，因为你往往会失望，你在期待回报，你有了功利心。

人们养宠物也在图回报，哪怕让它为你叫几声。只有植物，你每天默默地浇灌它，它也只是默默地生长。直到哪一天，你忽然发现它已经长成了一片绿荫，那你内心的愉悦是无法形容的。不要回报，你也许会生活得更自如、幸福。

Q：把家当成一棵树，这个理念太好了！练习无条件的爱，其实真正的受益者还是你自己。因为你就不会失望，也不会烦恼，反而会拥有更多的爱。

C：《秘密》一书中，就透露了这样的一个秘密："想要获得爱，就让自己填满爱，直到你成为爱的磁铁。"

成为磁铁，那就异性相吸了嘛。《时尚家居》的主编殷智贤女士经常同我交流家庭观。她说，夫妻不一定要完全志同道合，互补型的也很好。我觉得很有道理。如今社会知识和工种分化越来越细了，20世纪70年代后的夫妻已从过去整体全面的志同道合过渡到互补型时代了，局部的志同道合也完全可从互补到相吸。

为什么要“练习”无条件的爱？因为许多人还不懂得这种爱必须是夫妻共同精心种植和培养的。这里我有个“四同”的小体验可供大家参考。

一是同餐：全家人一起吃饭会促进沟通，如果饭桌上再讲一两个风趣幽默的小故事，更会平添快乐的氛围。

二是同游：家人一同外出旅游是非常好的亲情体验。同处一个情境的体验，对小孩身心成长益处良多。特别是一家人在异国他乡或深山丛林中，更会感受到亲情的价值。

三是同读：譬如同读一本书，同看一部电影，像《唐山大地震》《2012》等大制作电影，我就一定等全家人都凑齐才去影院观看，体验效果肯定不同，回来大家又多了共同交流的话题。

四是同做：就是争取全家人都来参与做一件事，哪怕是配合烧一桌菜，共同讨论房子的装修。

借此，我尤其要强调房屋装修对家庭生活的正作用。其实，房子不光是家的硬件，更是情感的载体。人为什么对母亲特别有感情？母亲为了孕育我们而十月怀胎呀，房子的装修也是同理。如果住进的是全装修房，大家入住时的幸福感肯定要差许多，因为没有享受到共同谈论、奔波、参与装修生活空间的过程嘛。所以，我建议装修房子尽量慢一点儿，就像梳头、化妆、洗澡那样，用轻松愉快的心情去面对，每天花两个多小时也就够了，也用十个月的时间嘛。在这个过程中让感情升温，共同把房子当成爱的结晶来装饰，甚至有条件的家庭还可以把客厅装修成一个随时可以与爱人起舞的浪漫空间。拥有30年婚姻的夫妻，如果中间有条件重新装修五六次房屋，那必能有助于稳定夫妻感情，因为家居的刷新带动了情感的刷新嘛。

Q：你的这个倡议非常好，用共同装修来加深夫妻间的情感，即使是共同去面对装修过程中碰到的烦恼和困难……前些年有篇很有名的小说，就叫《分享艰难》，说的就是这个道理。因为无条件的爱，不光是接受阳光和微笑，更要利用这种爱的能量，去化解生活中可能出现的阴霾与痛苦。

C：责任是阳光，爱是云月。家庭中即使遇到争吵，也不必过分敏感，从科学的角度来看，偶尔的小吵小闹还有益于身心健康，因为人的性格、兴趣不可能完全一样，小吵中也可以获得互补。不过，随后的及时修复非常重要。

美国有一对夫妻，本来很开心地开车去看尼亚加拉大瀑布，可忽然为一件小事，在整个三小时的车程中一路争吵。结果到了瀑布前，妻子就是不肯下车，她生气地说："过程不幸福，结果也就没意思了！"于是，景点所有的美感都没有了，彼此心情还糟糕到极致。其实是因为他们没能在旅途中及时修复，就演变成了一种"爱的脱磁"现象。

对于亲情的修复，不管是夫妻间，或是与下一代，还是与对方的长辈之间的亲情关系等都千万不能忽视。对此，我的体会首先还是无条件的爱，具体方法：一是用真诚的善意去明确示好和付出；二是积累和调动储存的感情，让彼此回忆起相处的美好场景；三是以主动的姿态去感动对方。

我曾经看过一部叫《沉睡魔咒》的大片，非常感动，故事以爱唤爱，对人心智的成长与对爱的认知都很有教育和帮助。

人在25～35岁时是爱情时代，35～45岁应该进入友情时代，45岁以上是"友情＋亲情"的时代，60岁以上则是恩情时代了。所以，相爱的夫妻恋人，还一定要爱对方的亲人，爱对方的父母、兄弟姐妹。哈佛大学泰勒·本-沙哈尔教授谈幸福时就讲，多花时间和我们喜欢关心的人，且喜欢关心我们的人在一起。

我有一位我称她为杜老师的朋友，前几年给我发过一条短信，她说："我妈94岁，近期感冒后身体欠佳，有老年焦虑症状，不肯吃药。这几天我一直陪她晒太阳聊天，没吃药症状消失了。"为什么？我说因为亲情能激活健康细胞。

是啊，不学习，不思考有价值的东西，时间久了智慧也就流失掉了。不拉妻子的手，不抚摸孩子的头，不为父母捶一下背，不为父母做一件事，亲情也会渐渐流失。可现在许多人对孩子的关爱远超过对父母的孝顺，小孩皮肤嫩，有奶香味，可爱；而父母老了，有皱纹，有白发，还有气味，便不愿亲近。这是完全错误的。甚至现在许多人在狗身上花了大量时间，却不愿意在父母身上花时间，因为父母老了不可爱，狗活泼可爱，此乃不孝子孙。

孝为德之本，孝顺，孝了你就顺了。孝顺还要即时。我们既要享受自身作为父母的快乐，更要与自己的父母多亲近、多互动，为父母洗头、敲背，跟他们拉手、拥抱，多为父母买礼物、烧饭，和父母一起旅游、看电影，体验各种丰富的生活，才能算是孝顺的好儿女，今后自己的儿女自然就会学习你。不懂得报父母的恩，就不会对同事、对朋友真诚，也不会对公司负责任。

Q：*爱一棵树，肯定要爱这棵树的每一片叶子。*

C：记得10年前一个春节，我在家体验亲情，有感而发随手写了首小诗,现在拿出来与大家分享,相信会赢得一些共鸣吧!

家不仅是漂亮的房子
家是心与心的交融
家不仅是豪华的装饰
家是情绪倾诉的空间
家是风雨同行的船
家是心灵的港湾
家是心情的湖泊
家是心中的泰山
家是温暖的怀抱
家是一生的归宿

Q:的确,家是心灵的港湾,当疲惫的心灵需要休息时,港湾也一定是无条件地张开它的怀抱来迎候你的。

C:在一起,就是无条件,也就是忘我与无私。

“意识健康”与“意识疗伤”

Q:在对人意识进行研究的过程中,你提出了“意识健康”与“意识疗伤”的概念,非常具有普遍意义与实用价值,何不就此展开聊一下?

C:人的出发点来自意识,心智也是意识。我研究人的意识,目的正是帮助自己净化意识、整理心灵。

那什么是健康的意识呢?爱心、真诚、正义、积极、勇敢、善良、豁达、宽容、乐观、责任、事业心、乐于助人、坚持等,都是健康的意识,是正确的、合理的想法和行为的指针。什么又是不健康的意识呢?虚伪、傲慢、妒忌、偏见、悲观、焦虑、愤怒、恐惧、仇恨、贪婪、欲望过度……都是不健康的意识。有的人由于意识有问题,表现出来的行为也就有问题,结果是伤害自己,也伤害他人。还有的人,表面上倒还好,能抑制负意识于行为的副作用,虽然没有伤害他人,但对自己的伤害还是相当大的。

健康意识与不健康意识会形成一张生命漩涡图,这两种意识像盛了两种不同水质水的木桶,哪种水多了,就会产生漩涡。又像是两种颜色的水,正意识是白的,负意识是黑的。关键在于比例,正负是95%比5%还可以,但如果是70%比30%,问题就严重了,80%比20%也不行,水质和颜色都会变,而且负的总会或多或少地污染到正的。

哲学家弥尔顿说:“意识本身可以把地狱造就成天堂,也能把天堂折腾成地狱。”在意识的抗争中,健康意识是国王,不健康意识是魔王,我们的注意力必须集中到“国王”身上,你在生活中就会活得像“国王”;否则,“魔王”占了上风,你就会活得像个“魔王”。可往往负意识是活跃派,正意识是沉睡派,因此意识疗伤的任务就是让正能量觉醒,通过健康的漩涡把毒素排出。正能量不用就会枯竭,漩涡就会报复你,那就要付出被淹没的代价。

Q:今天,整个社会变化快、信息爆炸、竞争激烈。竞争固然在一定程度上促进了经济发展,激发了人的潜在能力,但同时又使人们活得更累、更辛苦。

C:是啊,财富得到了,事业得到了,名声得到了,但轻松的心态却会失去,相应的自由也会失去,而孜孜以求的幸福依然遥不可及。一个人得到越多,负担也就越重,对得而复失的恐惧也越强烈,甚至反而变得更虚空。欲望不一定都要去满足,一旦满足了,马上又会有新的更多的欲望产生,欲望越多越想,越有越要,满足了第一个,马上会有第二个,而且是原先欲望的倍数。所以,欲望是永远得不到满足的,因为它是无穷无尽的。现代人的内心正是在物欲纵容下变得愈来愈扭曲,这本质上也是一种"情绪饥饿"的现象。

生活中,人们对缺乏食物的饥饿易于觉察,一旦肚子饿了,及时进食,饥饿的状态便会很快消除。但人们心灵空虚、百无聊赖、精神不振的不健康状态却不易消除,更难以摆脱,这可以称为"情绪饥饿"的精神病症,当然,也是"健康意识营养缺失"的不良症。

Q:但首先要有自我认知。情商之父丹尼尔·戈尔曼说过:"不了解自身真实感受的人,必定沦为感觉的奴隶。"情绪管理一定是建立在自我认知的基础上,包括自我的救助。

C:我们每天要跟不同的人打交道,要面临各种不同的事情,这会导致我们的身体、心灵发生变化。复杂世事的纠结,加上不切实际的空想,必然会导致内心的焦灼,甚至情绪的紊乱。这里,我特别要提出两种"脱节现象",它们在目前的年轻人群中表现得尤为突出。

这两种现象一个是思想与实际的脱节,另一个是行为与现实的脱节,或者是这两者混合脱节。而带来的结果就是不切实际,好高骛远。明明能力只够做基层,却每天都在想当总经理,这种不合理的想法一旦形成,就会造成意识上的错位和失调。但很多人根本就没有意识到它将对自己的精神甚至身体造成严重伤害。意识的不健康最伤的是我们的“神”。

“神”在中医里是一个至高无上的名词,它藏在“心”里面。我们说养生,最终的目的就是养神,只要神养好了,不管身体、生活处于一个什么样的境况,我们都能感受到生活的幸福,拥有无可匹敌的生命质量。《黄帝内经》中说“得神者昌,失神者亡”,其实这个“神”,就是意识。

一个人如果意识健康,心胸宽广,则气血调和,脏腑功能协调,正气充足,表现出来的感觉就是精神饱满;反过来,那些意识不健康之人,往往心胸狭窄,体内气血的循行方向很容易被打乱,气血一旦失调,就会引发各种问题。

譬如说贪官,表面上要装得无私、大度、奉献,意识里却充斥着自私、贪婪这些不健康的因素,即使眼下还没被纪检部门发现,但自己的内心肯定是不安宁的,同样身体也不会好到哪里去,因为他总担心被发现。自己给自己制造了恐惧,况且是违背道德与法律的双重恐惧,很容易导致体内气血凝滞,从而引发各种疾病,甚至严重的肿瘤疾病。

人的欲望是无穷无尽的。但健康的意识是:在某一具体时间里,欲望要有重点,主次分明。一个欲望实现的同时,往往也会牵扯出另一些欲望,但我们必须学会取舍,有所坚持,有所放弃。

意识是法律的真空地带,只有建立健康的个人意识的自律,才是真正地对自己行善。所以我们说必须强化正意识,从而减弱、消解生活中的负意识,达到养身养心之功效。宗教里好多积极的东西,如反省、忏悔、行善、放下等，也正是为了帮助你培养健康的意识。还要学会宽恕自己、宽恕他人。所谓“太阳光大，父母恩大，君子量大，小人气大”。

忏悔也是调整意识健康的必要手段，因为每个人的人生中都会有或多或少令自己追悔的事，比如我至今始终不能忘记读小学时发生过的一件事：记得那一个是很炎热的夏天，我和三个同学放学回家，路上看到许多小朋友都挤着在买冰棍，当然我们也非常想马上吃到冰凉凉的冰棍，但口袋里摸来摸去，只有我有一毛钱，可一根冰棍就要五分钱，我们有四个人，怎么办呢？小小的我当时竟灵机一动，把这仅有的一毛钱撕成两半，然后分别叠成个三角形，我先挤进冰棍摊去买一根，居然还找回了五分钱。我又指挥另一个同学效仿我，拿了叠好的那个半毛钱买回一根冰棍，又找回五分钱，然后顺理成章两个五分钱买来两根冰棍。我在同学们佩服的眼光下，美滋滋地吃着冰棍回家了。没想到的是，还没天黑，父亲就从门外气冲冲地赶回来，劈头就给我一顿打。原来是其中一位同学回家泄了密，同学的家长又告诉了我的父亲。记得当时父亲的脸气得铁青，打完了，就抓着我去村上卖冰棍的人家退钱赔罪。回来的路上，父亲说我这个小聪明太不道德了，回家还要收拾我，我吓得挣脱了就跑，一直爬到一棵大树上，夜深了才偷偷钻进家门，结果最后还是被罚一个夏天不得吃冰棍。现在回想起来，这应该是我人生中最愧疚的一件事，而且至今无法抹去，但它成了培养我健康意识的反射镜，常常会提醒我通过忏悔来净化心灵。

意识健康的基础是心净，让心灵干净。现在我上厕所后如果不冲干净，心里会极不舒服。有一次，机场卫生间的坐便器没有水，我用桶接水冲干净才离开；即便在无人看到的地方，我也从不随地吐痰，宁可含在嘴里，也要找到垃圾箱才吐；吃剩的菜总要打包，扔垃圾会分类……这些习惯已经成为自己内心的约束，不这样做就过不了自己这一关。心净才会心静。我每次洗手只用一张纸擦手，因为一张就能把手擦干了。我在飞机上问乘务员要牙签，空姐给我三根，我让她拿回二根，只要一根即可。我喜欢在飞机和高铁上用餐，因为饭难吃，就会吃得少，可以减肥。飞机晚点我也不着急，因为晚点可以看书。静下来，才能听到内心的声音。

Q：人意识里不健康的东西其实有许多，譬如说嫉妒。巴尔扎克就指出："嫉妒者受到的痛苦比任何人遭受的痛苦都大，自己的不幸和别人的幸福都使他痛苦万分。"这就是意识受伤，那又如何来进行"意识疗伤"呢？

C："解铃还需系铃人"，"意识疗伤"还得靠健康的意识。我认为，可以先建立一个个人的健康意识坐标系：基础是正视现实，纵向的切合现实分析自己能力的强弱，即自身的强项与弱项，再以目标为前提，判断自身发展中需要或不需要的东西；然后再看横向的，有哪些可对应的资源。在这样科学、理性的坐标上思考，并且把它们认真地写下来，你才能培养出健康的意识。应该是用理性的习惯写下自己该做什么，该放弃什么；仇恨的好处在哪里，坏处在哪里。

有了健康的意识，就会有定力。在崎岖的人生道路上颠簸，定力不好的人会感到恶心，难以承受；而定力好的人，就不会在盲目的占有与攀比中消耗生命。真正珍惜生命的人，首先应该懂得享受自然，使心灵获得更大的自由、更多的空间。

再一个就是用人性中爱的美德，以爱和付出来克服占有的私欲。只有爱是不会给人带来任何副作用的营养剂，它是智慧的外延。因为真爱的自信与坦然，足以治疗人心中那种想要占据一切的邪恶，自我就解放了，以自我为中心的自私就不复存在。

当然，假如你失恋了，陷在痛不欲生中难以自拔，一开始你可先用“恨”来疗伤，否则刻骨铭心的感情怎么了断？许多人用新的爱去结束旧爱，那会带来太草率、对彼此都不负责的结果。恨像一把钢刀，可以斩断身心俱伤的痛苦情丝，帮助你尽快从自尊受挫的荆棘里冲杀出来。不过，当你受伤的心灵逐渐平复下来以后，这个恨就必须转化成恩和情，让原有的爱完成净化与升华，这才能保持你意识的健康。

Q：你这个分析很有道理，就像戒酒先得恨酒一样。开头我们还聊到“情绪饥饿”，其实也是不健康意识会乘虚而入的源头。

C：人一旦没有志趣、爱好和追求，活力会一天天丧失，情感会一天天麻木，意识自然不会健康，烦恼和疾病就会缠身。那该怎么办？如何让情绪充盈饱满，成为健康意识的坚实基础？这就和要去除旷野的杂草，先得种满庄稼的道理一样。明显不好的东西不要去碰，像杂草那样杂的人、杂的事、杂的景全部要去除。正如星云大师所言：“所谓‘宁静致远’，唯有在宁静中不乱看，不乱听，不乱说，我们才能找回自己，增长智慧，见人所未见，听人所未听，说人所未说。”他又说：“不当看的不看，否则会看出烦恼来；不当听的不听，否则会听出痛苦来；不当问的不问，否则会问出是非来；不当做的不做，否则会做出问题来。”这些话看似平实，却是人生箴言。

而培养健康意识的做法则是：多想多做有意义的事；培养兴趣爱好，

多欣赏经典的名乐、名剧、名著;用爱去体验生活中的人和事;运动、锻炼、旅游,在生理上提升心理的免疫力,防止或清除不健康意识的侵入;多交积极向上、意识健康的朋友。星云大师对此还讲过:“观念就像播种,种了什么样的种子,就结什么样的果。好的观念能够成功致富,成圣成贤;坏的观念只会沉沦堕落,邪恶如魔。”他说的观念其实就是意识。

我有位中央电视台的主持人朋友,她十分聪明,却又十分简单。有一次聊天,她忽然对我说:“意识健康人才健康,意识健康人才幸福。”这使我顿感共鸣,尤其感受到她那种思维方式本身就是意识健康的构成。

赵朴初先生讲过的“吸引定律”,也讲了这个道理:“一个人的心念是消极的或者丑恶的,那他所处的环境也是消极的或丑恶的;一个人的心念是积极善良的,那他所处的环境也是积极善良的。人如果能控制自己的心念,使之专注于有利自己的、积极善良的人、事、物上,那这个人就会把有利的、积极善良的人、事、物吸引到其生活中去,所以控制心念是命运修造的基本思路。”他讲的“心念”,其实也就是意识。

种进好的意识,坏的意识就少了。阳光照进屋子,黑暗就自然消失。

生命体验

开篇　生命与“九情九欲”怎样经营

Q：生命是什么？人又是由哪些成分构成的？你认为生命的本质是七情六欲的组合。

人的一生总是在七情六欲的激励、催化、纠结、困扰中，或斗志高昂，或颓废沮丧，或功成名就，或一事无成……

不仅如此，你还在其中又加了五条，成了“九情九欲”的生命。

C：每一个正常的人，都有七情六欲。不同的学术、门派、宗教对七情六欲的定义稍有不同。但所有的说法都承认七情六欲是不可避免的。儒家的七情是喜、怒、哀、惧、爱、恶、欲。佛教的七情与儒家的大同小异，指的是喜、怒、忧、惧、爱、憎、欲七种情愫。医家的七情则是喜、怒、忧、思、悲、恐、惊。其实，最终都会归纳为七种情绪：喜、怒、哀、惧、爱、恨、怜。六欲通常采用的是佛家的说法，即色、声、香、味、触、法，可把其归纳为六种欲望，即求生欲、求知欲、表达欲、表现欲、舒适欲、情欲。

其实最初，古人只说人有三情一欲，就是在《中庸》里出现过的“喜、怒、哀、乐”，其中“乐”即“欲”。现代人对七情六欲的认知十分笼统，而不作具体的区分。还有好多人把“喜怒哀乐”误解成七情六欲。我认为真正要弄懂情与欲，还是要将其细分来进行研究，并且能从中提炼出“两情三欲”。因为当代社会的人内心更复杂化了，只有更加细分地去研究，才能完整地解析人的情感与欲望，这就是我的“九情九欲”观。其中，九情指喜、怒、哀、忧、悲、恐、憎、爱、善，九欲指生、食、色、适、知、诉、利、名、征。

为什么没有“恶”？因为我是坚信人性本善的。恶不是生命的原色，是后天延伸出来的。那为什么会延伸出恶？有五个方面的原因：一是如怒、气、妒忌等负情绪得不到控制和调节。二是生存的基本保障没达到，譬如吃。狼为什么比老虎狮子更凶残，因为狼是“饿鬼”，胃大消化快，力量和速度又都比不上老虎、狮子，存活的威胁使它变恶。三是欲望过多，贪婪无度。有的人一旦欲望得不到满足，就会变恶。四是源于人的不安全感。过分地保护自己也会生恶。五是思想上对道义的不认同。

Q：其实，情商高的人不会生恶，因为他能够较好地营运“九情九欲”。但很多人并没有真正了解情商。

C：我认为情商的本质就是“九情九欲”，它是人最基本的能力因素，更是人生命的能量。可以说，情感是幸福和成长的母亲，而欲望是幸福和成长的父亲，情感和欲望的共同作用，才会产生情商。

在我们生存的世界里，可以把一切分为矿物、植物、动物三大类。矿物是没有生命的；植物有生命但没有欲觉，只有接受而没有感受；动物有生命有欲望，而且知道感受。人是一种高级动物，不仅有求生存的基本欲望，还有很多其他欲望，比起普通动物的欲望要高级得多。也就是说，人类不仅能接受信息、感受信息，还能因接受信息而感动、激动、冲动，并能理智地加以节制或处理，把欲望发展到情感和理智的高度，而普通动物的欲望和感受只停留在本能的水平上。

Q：人类与动物一个有趣的区别，是人知道脸红。在已知动物种类中，唯一知道脸红的是人类。达尔文把这一行为称作“最独特和最具人类特征的表情”。

C：这缘于人有“九情九欲”。普通动物即使有“九情九欲”，也绝对是不完整的。因此，人类的聪明才智主要取决于“九情九欲”。“九情九欲”主宰大脑。

我一直有个“人非猿进化”的观点，人是人，猿是猿。在2011年的一次谈话中，居然还赢得了山西的一位女企业家的共鸣。她告诉我，五台山有一位妇女天天跪趴着磕头，就像猿类行走那样，几十年下来，地球引力把她脸上的肉向下拉长了，乍一看很像猿的脸。远古人代代都是用四肢爬着行走的，地球的引力把鼻、嘴、眼皮、额拉长了，胸、肚子也拉大了，但他们也只是像猿而非猿。把人当成猿是错误的，因为猿没有“九情九欲”。后来，人站起来直立行走，就现在这个样子平视四周，眼界、观念就更不一样。

“九情九欲”是唯有人类具备的基本的心理动态和生理要求，是人性基础的基础。情主要是指人的情感表现，属于人的心理活动范畴；而欲主要是指人的生存和享受的需要，属于生理活动的范畴。情与欲分别属于“心”与“身”两个联系密切但又不同的领域。情与欲互动互补，相辅相成。情可以生欲，欲也可以生情；欲的满足需要感情的投入，而情的愉悦也有赖于欲的满足。

情与欲是不能分开的，没有情哪来的欲？没有欲又哪来的情？没有情，没有欲，六根清净，四大皆空，不食人间烟火，没有儿女情长，没有悲欢离合，这样的人不是尼姑、和尚，就是神仙、鬼怪了。

Q：就像色有七色——赤橙黄绿青蓝紫；味有五味——酸甜苦辣咸；音有七音——哆来咪发唆拉西，“九情九欲”也是人类生活的最基本色调。但人与人并不一样，情与欲的表现也就五花八门，我们要讨论的，就是如何运用好心态的密码符号。

C：这也是人的情绪密码。人们在生活中，不可能避免酸甜苦辣的情绪体验，而且这些已经注入了人的生活方式。

情绪是一种能量的表现形式，还可以转换成物质和疾病，存在于身体当中，譬如肌瘤、囊肿等。物质也能转换成情绪，被释放掉……当你把相应的情绪释放过后，物质也会随之消失。任何情绪，只要是流动的，没有卡住，就不会伤害身体。伤害到你的情绪，都是你没有能力处理的情绪。所以，人应特别注重情绪上的平衡。当有负面情绪时，要及时宣泄出来，这样有助于心理及精神的调节。

Q：鲍勃·普克特就说过：“疾病无法在处于健康情绪状态的身体中存活。”发生情绪时，身体各部位也会“感同身受”：后背疼往往是有压抑的愤怒，腰痛可能是恐惧产生的，胃疼是委屈所致……

C：自我认识的过程，也是自我治疗的过程。

情绪分为正情绪和负情绪。当然，很多人一般都只利用正情绪。但是，要做一名好的领导人，势必还要发现自己的负情绪，并能善用之，在负情绪中找到具有积极意义的正作用。我们还要研究如何张扬情绪和控制情绪，两者是相辅相成的，合理运用才能使自己更加聪明。人不宜过分压抑自己，这样会降低智商、削弱快乐感。有人形容情绪就像我们的“保安系统”，一旦身边的人和事对我们的身心构成威胁，这个“保安系统”就会发挥作用，发出相应的警报。比如，我们遇到危险，就会产生恐惧情绪，迫使我们要么躲避，要么抵抗。如果有人刺伤我们的自尊，情绪就会变得先是郁闷，然后是愤怒，提醒你寻求缓解。

心态也分阴心态和阳心态。阴心态是消极的，阳心态是积极的。一个人遇到所有的事情都往最糟糕最负面的方向去考虑和解释，久而久之，他的负面心态所带来的愤怒、抑郁、焦虑、害怕等就不可避免了。长期沉浸于负面的心态和思维，就会导致严重的心理障碍，甚至攻击他人，攻击自己(自杀、自残)。“九情”里有“阳情”和“阴情”，“九欲”里也有“阳欲”和“阴欲”。

人类之所以成为“万物之灵”，就在于拥有“九情九欲”。情和欲的燃烧导致人生的折腾，但这里面又会产生极大的对抗与平衡的能量，就像金融上的“对冲基金”那样。

Q：人的生命是一个什么样的载体呢？是具有“九情九欲”的载体。如果一个人不在“九情九欲”之中，也就不在所谓“情境”当中了。

C：哈佛大学教授泰勒·本-沙哈尔在他的《幸福的方法》中指出：“凡

是人就有七情六欲,坦然接受各种情绪,不要试图消除抵制抑堵,而要顺应化解疏导。”

人类的情感世界实在太丰富了。我们尝试解析“九情九欲”,就是希望达到心理的合理排泄与对流,提升我们的心理抵抗力,梳理情绪心智,从而培养、塑造健康的情感心理。

人肉体的存在靠什么?遗传基因、神经、细胞、骨架、营养、血液;而精神的存在,就是“九情九欲”。人的道德、品质、意志、思维等,都包含在我所说的“九情九欲”中。

对于一个成功的人生,我总结过,成就你的只有三个因素:梦想、对手、异性。这三个因素都同情感与欲望有关,那你就必须对情感有科学而充分的认知与体验。

成功的燃料是什么?欲望与情感。欲望其实是拉动人的很重要的一个因素。一个人的“九情九欲”不完善,他的人生就不完善。“九情九欲”营运能力强的人实力就强,就容易成功;“九情九欲”营运能力弱的人实力就弱。

曾在哈佛医学院工作了20年的爱德华·M. 哈洛威尔(Edward M. Hallowell)说:“对于从现代生活中获得最多好处这一目标而言,为世人所遗忘的关键因素不是智力,而是情绪……情绪对于高级思维起到了开关的作用。”

“九情九欲”中哪个是中心?你把哪种情欲体验得多、发挥得多,哪个就是中心,其他就相对减弱了。哪个用得越多,就越强。喜多了,就是积极的人生;善为中心,善情就多,善爱更多。这就决定着你的人生走向,它也是有“漩涡效应”的。

人的欲望也分层次、等级,但主要的欲望太多,人会痛苦。譬如,搞技术的人把名作为主欲望,兼顾了利,技术才会好。但把名利当成主欲望,技术和才能的发挥肯定受影响。所以,欲望不一定都要去满足,一旦满足了,马上又会有新的更多的欲望产生,而且是原先欲望的数倍,无穷无尽。

Q:欲望其实是很难说清楚的东西,因人而异,而且还有许多属于个体生理因素。情可能共性的东西多一点,欲是很私人化的。

C:正因如此,才有研讨的必要!譬如,我们谈生、食、知、名、诉、征这六欲,当然不能绝对来说,有些完全是正负互转的,关键看你怎么理解,怎么样让阴阳调和。再像利、色,听上去就有些令人生畏,但谁能逃脱得了呢?所以,我觉得这三条也只有大小之分,并无褒贬之分。

在讨论"九情九欲"时,我特别要强调一个"转换论",即尽量让负情绪转换成正情绪,让负意识切换成正能量。人的能力的差别就体现在情绪的转换能力上。

例如,挫折多了,或者受了苦,气、痛都会变成忧和恐,但也可以转化成征,不服输嘛。至少要转化成诉,把它宣泄出来,否则会转化成哀。哀和忧也可以用怒来转换。欲望一时没有达到,有的人转化成悲,有的人就转化成了怒或憎,反过来就有了力量感。但憎和怒,有的人就会只为宣泄而报复,转化成了恶。完善和改良人的情绪置换,要尽可能避免它的偏、畸,从而更好地提升人的自律能力。

但憎和怒会使有的人从正面增强争气、好胜的征欲。抗日战争时期,悲观者就是从忧、恐、悲一步步发展到哀,认为民族要灭亡了。但毛泽东领导的抗战队伍就成功地将这些负情绪转换成憎、怒、征的正能量,赢得了胜利。要知道，从人性欲望的释放中获得的力量都是惊人的。

“九情九欲”的培养和提升，还是分级的，可根据年龄来排序。像九情，当然首先从爱开始，再是善，小孩10岁以后再逐步开始憎和怒；欲先从食、求知、舒适，再到名、利、色，再到征……

Q：人生之所以多彩，就是那些情和欲像各种色彩一样，但必须协调搭配后，才能变成一幅既斑斓丰富，又有情绪内涵的画。

C：我认为，人生大课堂中应该有门“九情九欲学”的大学科，因为它属于生命的经营学。“九情九欲”的营运与平衡，将会使我们丰富的情感进入良性循环并成为人生的动力，并影响到我们的人生价值观。

因为，你是你人生唯一的创造者！

九情之喜：调节情绪的“百搭”

Q：喜，大家知道，就是高兴、快乐。但问题是很多人并不知道，喜从何来，如何能喜，又怎样善用喜。

C：喜的关键在于心态。积极心态是喜的根本，也就是说，喜的原动力来自我们讲的光明思维。这种光明思维会引导我们开发出许多快乐的方法。

中央电视台曾播放过一期李咏主持的专题节目，被访者是位残疾人，但她上网，开网店，不仅化解情绪，还很快乐。由此我感悟到：“喜”

“乐”是情绪的营养剂。

美国著名的商务顾问和激发演说家苏姗·福特·柯林斯女士，在经历了离婚、被解雇等带来的“无限迷茫”之后，仍以积极的心态面对社会，以微笑面对生活，后来完成了一本名为《成功的快乐方程式》的励志读物，并且成为美国运通公司、IBM（国际商业机器公司）、CNN（美国有线电视新闻网）等著名大公司员工的激励手册。

喜的外在体现就是笑。笑是积极心态的展示。

Q：从医学上看，笑是心理和生理健康的标志，它能消除神经和精神的紧张，使大脑皮层得以休息，让肌肉放松。

C：笑还是最好的美容保健品，它不仅锻炼面部肌肉，更帮助人体内脏的肌肉运动。南怀瑾先生就讲过这种吐气的方式。再像“阿门”“阿弥陀佛”“啊哟”等发音，包括小孩喊“妈妈”，其实都是借此吐出废气。痛苦时“啊哟”一声还可减少疼痛。我们捧腹大笑，更大大强化了腹部呼吸，增加了元气，排出了废气，同时加快血液循环，促进五脏六腑的运动与全身的新陈代谢。朗朗笑声对呼吸系统也有良好的作用。

《营养百科》还特别指出：笑是一种健身运动，笑能宣发废气，消除疲劳，恢复体力。笑还能让肺吸入足量清气，呼出浊气，加速血脉运行，使心肺气血调和。

但是我发现，现在好多女孩都不大肯笑，原因据说是怕多笑会笑出皱纹，又怕肚皮笑大。其实，这是完全错误的。除了上面讲到的笑的好处，一个人的笑容加上风趣幽默的语言，在人际交往时，其亲和力也会大不一样，人总是喜欢看到笑脸的嘛。笑是情商的工具，又与智商是成正比的。所以，你一定要服从自己内心的需要，而千万别把这一积极心态的展示给废掉，变成“冰美人”。

Q：喜要善于表达出来。有个成语叫“喜上眉梢”。高兴了，还要在眉目间展现，这样才能去解怒、哀、忧、悲。

C：喜的表达其实还在心态上，心态会影响你的外表。自身的涵养是喜的基础，因此我们做人一定要正直、诚实，还要善良。所谓“相由心生”，久而久之，我们的脸会呈现祥和舒适的相貌。

你的价值观是什么，就会长成一张有怎样价值观的脸。脸和心是联系在一起的，装不像的，不要认为谁有能力装得像。你看影视剧中，有些反面太监的脸就是阴阳怪气的，因为他就是心里想的和说的不一样。心里想着坏的事情，脸也长成一张坏的脸；心里想着畸形的东西，慢慢地也长成一张畸形的脸。我们在想什么，慢慢地我们的脸就会长成什么样，这也是成正比的。释放、舒展不透，就会像我们俗话讲的“阴司鬼”，这就叫归因于内。

笑是一种能力，喜更是一种创造快乐的能力。譬如说，平时我们要善于挑好的事情回忆，如回忆不出高兴的事情，那就用意识键来消除它。还可以用喜来战胜苦，变成先苦后甜。

这个喜要利用好，不仅自己喜了，还要传播给别人，感染对方也同你一样喜，那这种喜悦又会反弹给你，不仅提升了喜的质量，还会产生出更强大的快乐的力量。正如日本学者小池龙之介所说：“喜是看到别人幸福快乐，自己也快乐的感情。”

我是一向比较喜欢笑的。现在大家常看到我笑，以为我是成功了开心，殊不知，笑才是我创业初期的武器。早年我什么都没有呀，没有资金，没有实力，没有关系，没有人才……但笑是我拥有的能力，为何不用呢？于是我就努力多笑嘛，真诚地笑，笑得让客户觉得很放心，让员工深受感染，让自己也变得很自信——其实就是心态的外化吧。所以，我觉得开会除外，每天要有三小时以上都是笑容。特别要学会幽默，它是喜的最高境界，我现在每天要同员工或家人讨论两个以上幽默的话题，每周听朋友讲两次幽默的趣事，愉快中又提升了人的智慧与涵养。

Q：生理学家巴甫洛夫说："愉快可以使你对生命的每一次跳动，对生活的每一印象易于感受，不管是躯体上的还是精神上的愉快，都是如此，可以使身体发展、强健。"

C：人在快乐时会分泌出一种荷尔蒙，它能增加你抗病抗菌细胞的能力，从而提高你的免疫力，当然还会帮助你提升信心。而你今天的自信又是明天快乐的保证。所以，想开心愉悦就不要在乎得失，要宽容豁达，要知足常乐、自得其乐、助人为乐。一个人平时老不开心，是因为他并没有播下开心的种子，也永远不会看到让他开心的花朵。

虽然中医讲不能过喜，喜则气散，但我还是感觉喜的正能量太强大了，所以喜还是要积极地把它表达出来才好。因为喜是积极心态，满腔热忱，激情与兴奋会让细胞活跃，成为高智商、高情商的孵化器。喜的互动又会产生"心流"，心灵的高潮就形成了智慧的"气场"。

九情之怒:心灵不能变成焦土

Q:较之喜,怒该算它的对立面了。我们分析怒,关键是把它当作一种元素,合理节制、协调好。

C:中医学说怒伤肝。

怒,是最具杀伤力的情绪,不仅有负面影响,对事情的处理不利,解决不了问题,失去很多好的机会,对自己身心也极有伤害,甚至还会引发犯罪,其导致的行为和后果不堪设想。所以说“冲动是魔鬼”嘛。

人一生气,就会动怒,也就是我们通俗讲的“发火”往往会“闯祸”。你想,怒气一旦变成火多么可怕,如果不加以抑制,它会把我们的心灵烧成一片焦土。

虎门销烟的林则徐家中墙上就常年挂着写有“制怒”二字的横匾,以此来告诫自己要尽量减小发怒的概率。我们不仅要减少发怒,更要分析怒的根源。

那为什么人会发怒呢?你的行动受到限制,或他人对你的刺激和伤害,都会成为怒的导火索,使你的情绪不同程度的失控,甚至会出现精神失常、心理偏失与行为过激。其实,发怒是用别人的错误惩罚自己。

Q:“怒则气上,伤及肝而出现闷闷不乐、烦躁易怒、头昏目眩。”古人其实一直将怒的情绪视为大忌。

C：人发怒时，交感神经兴奋性一定增强，使心率加快，血压升高，所以会有一些高血压或心脏病人在一怒之下猝死。同时，发怒还会影响到人体的腺体分泌，导致生理功能的紊乱。

这里讲一位“火老板”的真实故事：

有位企业的老总，已经50多岁了，但还很有拼劲，能力也强，唯一的缺点就是爱发火。可他自己根本不承认这是缺点，反而觉得自己这辈子的成功，就是靠了这脾气。所以，他非但从不克制，而且每天都要发几次火。不管是在下属、员工、家人面前，还是因为社会上的事，也不管什么地点场合，反正只要有看不顺眼的事，就会发怒，甚至在与客户谈不拢时也大骂一通。他的外号就叫“火老板”。

终于有一天，“火老板”因为发怒伤肝，住进了医院。可在医院里，他还是要发脾气，同医生吵，同护士吵，吵得大家怕他，只能让他提前出院了。

就在出院的那天早晨，他急匆匆返回病房取一件遗忘的东西，在楼梯口不当心撞了一位老者。他以为老者要发怒，可老者面带微笑地望着他。

“火老板”很惊异，正想问您怎么不发火呢，老者大概看出了他的心思，说：“你肯定有急事，快走吧。”“火老板”很不好意思，讨好地搭讪道：“您多大岁数啦？”

老者含笑答道：“91啦！”

这一刻，“火老板”顿悟：老者之所以如此健朗长寿，秘诀就是心态好！从此，他再也不那么易怒了，也不经常发火了，所有人都觉得他完全变了一个人。

Q:这是个好故事,从中可以读出制怒的二字真经,就是宽容。

C:佛家所言:让这颗“心”成为“奴隶”,或者置心于奴隶之下的状态,就是“怒”;如果让这颗心处于“如”,如不动之当下,即不会发怒,而行之仁“恕”了。

当然,怒在一定的程度上也是一种必要的宣泄,它可以化解人的郁闷之气,达到心理情结的平衡,关键在于你如何把握、调节。经常哀、忧的人,发几次怒会有好处,怒的时间也可长一些,但不宜超过一小时。特别对于那些没有火气或纠结、抑郁太久的人,怒则可激发他的阳刚之气。必要的事情,我觉得真要怒,起码要达到9分,不然会不透,怒7分没有个性。确实遇大事甚至应把怒发到12分,它也会增加大智慧和力量。

譬如说,岳飞的“怒发冲冠”,他是为民族和正义而怒,为千古传颂。怒得有理由,有价值。这就是怒的正作用。

“怒”还是真正天才儿童的征兆之一。电视上曾播过一个少年音乐家的故事,就是这孩子具有“征服的怒火”。心理学家艾伦·温纳(Allen Weiner)说:“有些人不喜欢‘怒火’这个字眼,因为没有人会聊到怒火,但我很喜欢,因为它真的捕捉到那种强度。”由此我想,天才成功的因素中也有愤怒的功劳,否则面对灵感只有麻木。“愤怒是心中的一个能量区,是我们的一部分,是个内心正在受苦而需要照顾的小孩。当我们生气时,最该做的事,就是聚集另一个能量来拥抱与照顾愤怒。”我很赞同这样的说法。

怒有时也是威严的象征,是一种气质,某些场合也需要这种霸气,否则镇不住人。但不控制怒也是会让人变笨的,火冲上大脑,大脑就会因缺氧而一片空白,就会失去思考能力和分析能力。

星云大师讲得更好："一个人的涵养不在心平气和时，而在心浮气躁时；一个人的理性不在风平浪静时，而在众生喧哗时。"所以，最可怕的还是莫名之怒，就是"无名火"，那最伤人伤己。如果是这样，你的心灵必会烧成焦土。

九情之哀：尽快走出无边沼泽

Q：鲁迅先生对阿Q现象，曾讲过"怒其不争"，前面还有一句就是"哀其不幸"，那"哀"究竟是何物呢？

C：常言道，得到所爱就是乐，失去所爱就是哀。哀比较复杂，它由一种伤痛造成，有悲的成分，也有忧的成分，但又不尽然。它属无奈、沮丧和极度低落的状态，又并非全是。总之，它像一片驱散不开的阴霾，总是罩在你的心头，让你陷入无边的沼泽。

哀和悲其实大多数情况下，是我们无法避免的，是被动的。两者还往往连在一起，这估计也是"悲哀"一词的来由。譬如亲人离去，譬如个人情感或事业上受到重大打击或创伤。

但悲的程度更甚，却也去得快。不幸的事情发生了，悲伤不可能没有，但主观能化解。

难处理的是哀，它是一种心态，一种负情绪链，会无限制地延伸，会没完没了，最后会让你丧失自我，无法振作，让你沉浸在里面而不可自拔。

Q:哀的情绪如果处理不好,是会造成心理疾病的,必须用积极心态去对付哀。

C:有的人长期陷在哀的心境里走不出来,问题就严重了。哀太过,往往通过耗伤肺气而涉及心、肝、脾等多脏器的病变,使气消减,精神萎靡不振和懒惰等。但这种状态,别人很难帮助你,只有靠自己化解。

给大家讲一个正面的案例吧!

旅德摄影艺术家王小慧,现在在业界已经很知名了。多年前,她的丈夫在一次意外的车祸中不幸去世了。他们原本是一对恩爱的夫妻,同时还是事业上的伙伴与知音,丈夫突然离世给她带来的无尽痛苦与悲伤,对孤身一人在海外的女子来说,其压力和无助可想而知。

但是,王小慧并没有让自己完全沉浸在哀的氛围里,而是把全部的情感与精力都放到了钟爱的艺术创作上,更努力用心地创作出大量的作品,在艺术上也有了全新的突破。

这是多么可贵的一种心态与毅力!把身心交付给钟爱的事业,达到忘我境地,是走出哀的沼泽地之最佳疗法。

Q:我们也可以发现,艺术和文化娱乐活动对于哀心态的治疗,是有一定功效的。鉴于此,不妨多看看画展,多听听音乐,它们都是你走出哀的沼泽的助力器。

C:当然,这里我还要给读者朋友推荐五种疗法。

一是感染法:尽量寻找快乐的事情来感染自身,以化解哀的情绪,特别是多与快乐的人沟通。

二是转移法:努力用自己感兴趣的事物来转移哀的缠绕。

三是旅游法:变换一个情境,特别是在大自然的拥抱中进行自我调节。

四是运动法:通过有益身心的运动锻炼,包括体力劳动,把哀拖出来消灭。

五是必要时也可以发怒,实事求是地发怒,可对冲哀。

这个世界上其实没有人能让你痛苦,只有你自己能让你痛苦。总之,还是必须依靠你自己尽快尽早走出哀的沼泽,否则你将陷入更深更长的哀。

九情之忧:伪幸福的牺牲品

Q:忧,应该是怎样的一种情境?它与哀的区别何在?目前忧的状态的确比较普遍,或轻或重,几乎人皆有之。

C:忧比哀的程度要轻得多。简而言之,就是担心、忧虑,也就是思虑太多而无法解脱。但如果不能及时调整好,人会思绪无法集中,变成神经质,甚至精神分裂,也必将发展成哀。

尽管现在社会发展和经济增长都很快,人们的生活水平也在不断提高,但事实却如许多学者提问的:“为什么很多人不快乐,不幸福?”

Q:有的人是不是特别善忧啊?古时候那个杞人不是天天都在担心天会掉下来吗?

C：现在都市人压力过大，心气又过高，由忧虑导致伤精、伤神的亚健康状态已经普遍存在。

《观察》中发现：中国人上电梯就总是急忙要按关门键，虽然差几秒门就会自动关上；过马路时，总有人等不及要闯红灯；刚打开电脑，就急得拼命敲打键盘……有人说这是争分夺秒，加快节奏，其实这就是一种典型的焦虑症。为何焦虑？成了"房奴""车奴"，能不焦虑吗？因此，现在许多大都市中人们的幸福指数都很低，往往处于一种"伪幸福"状态。

忧其实来自对未来或未发生事件的畏惧，属于一种焦灼的情绪状态。对许多事情觉得自己把握不了，但又无法放弃，于是整天忧心忡忡、焦躁不安，在内心的徘徊中深感压抑、苦闷。

Q：所以很大程度上说，"忧"是导致人成为伪幸福牺牲品的直接根源。

C：忧必然发展成虑，虑还会发展成恐，担心到最后，就变成了可怕。但这背后一个核心的问题，其实是虚荣心、攀比心在作祟。有人说，中国人追求的其实不是幸福，而是比别人幸福。人之所以活得累，是因为放不下架子，撕不开面子，解不开情结。无法直面自己的得失，无法化解诸多心结，当然就多虑。

还有一个词叫思虑，说明虑是想出来的，也印证了古人所讲的"世上本无事，庸人自扰之"。如果生活中让我们忧虑的事情太多，你一定要想办法了解事实的真相。因为预计到了结果，你也许反而没那么犯愁了。

思考本是人的正常生理活动，但思虑太过，中医上讲"则可导致气结于中"，不但伤脾，也可伤心血，使心血虚弱，神失所养，而导致心悸、怔忡、失眠、健忘、多梦等。无谓的思考其实很有害，无边的幻想也十分有害，再加上对自己能力的不肯定，导致对未发生事件的怀疑等，久而久之，还会转化成抑郁症。许多都市人不是抑郁症已经很严重了吗？那就是对伪幸福盲目追求惹的祸。

Q：美国有位成功的商人叫盖伦·利奇菲尔德，他早年有过从军的经历，可每次给他分配任务后，他都担心、忧虑得不得了，很难如期完成。其实妨碍他正常完成任务的，并非他的能力，而是他自身忧的心态。当然，他最终战胜了自己，克服了忧虑症。

C：我一向不太认同"忧患意识"这个说法，我认为忧患意识并不符合科学态度。

对于"忧患意识"，我认为就是面对未来可能发生的变故，或意外事件一旦发生，我们的应变能力不至于迟钝，那唯一能做的是理性地预测、排查，做出战略的分析和计划。具备了这样的科学态度，每一天才能活得快乐且坦然。人有乐观派和悲观派两种。我们还是要尽量以乐观去消化悲观，用快乐去排忧，精神才能健康。

对抗忧虑，我们可以努力放松心情，与内心对话，更好的办法是把它们写下来，做可行性报告，消化、加工需要的信息，进而抑制、调整自己担忧的情绪。

你说的美国商人盖伦·利奇菲尔德，正是在有过极度忧虑的经历后认为，他后来的成功，应归功于分析忧虑、正视忧虑的方法。他的方法有四个步骤：清楚地写下我担心的是什么；写下我可以怎么办；决定该怎么办；马上按照决定去做。

他说，一旦很确定地做出一个决定，50%的忧虑就消失了，在按照决定去做之后，还可以消除40%的忧虑。也就是说，采取这四个步骤，就能消除掉90%的忧虑。

Q：写下来是一个很好的方法。心理学家发现，每月花20分钟左右的时间，把最近发生在你身上痛苦的事情写出来，这种“表达式书写”将会提高你之后5个星期的工作效率。

C：排忧、化忧还有一个方法，就是相信。相信他人，相信朋友，相信领导，相信下属，相信爱人，相信孩子，相信自己……当然特别要培养自己的自信心。因为当一个人处在偏执状态时，他会怀疑一切，极端缺乏安全感。更严重的是，他不接受事实和理性的纠正，只接受与其偏见一致的信息，其实是在用虚拟的风险吓自己。所以，凡遇到不顺心或者麻烦的事，要往好处想，庆幸这还不算差的，这样的心态才能排忧。

忧虑从本质上来讲，也是自卑的表现。而自信对忧的抗衡是最有效的，相信自己会成功，相信未来一定很美好，相信自己什么都能搞定……那还有什么可担忧的呢？

意识到阳光才能快乐，意志力强才能坚持，拥有积极心态才能战胜忧虑。

九情之悲：让丧失化为珍藏

Q：悲是什么？悲是一种丧失，是一种缺憾的痛苦，是一种无法弥补的伤，对人的健康来说，更是一种“损”。

C：悲，往往来自突如其来的打击。缺损的情绪会带给人巨大的伤害。

譬如说，亲人的离去；自然灾害造成无可比拟的摧残，等等。我们在电视上看到汶川和玉树地震后的场景，就会有这样的体会，那种悲伤是无法用语言形容的。我们从电视上观看时都忍不住要掩面而泣，何况那些失去亲人的人们！

亲情本质上是一种依恋，而一旦这种依恋被突然斩断，就造成了人对失去的人和逝去的事的无限感伤。这种心痛，会像海水一样漫过头顶，把你整个人都吞没。你会感觉生命中再也没有阳光和欢笑了，失去的永远都无法弥补……

有人说，悲伤是一条黑暗的隧道。但我认为，它总有尽头，总会让我们打开一扇可以走出去的门。

因为地球照样在转动，社会照样在进步，世界不会因我们的悲伤而停滞不前。

Q：“天若有情天亦老”，客观世界是无情的，关键是我们有情的人，怎样调整自己，来面对“人间正道是沧桑”。

C：其实人的一生中，失去的东西会很多，除了亲人、朋友，还有我们的青春，乃至自己的生命。每一次失去，都会让我们为原来的拥有悲伤不已。但世界并不会因此失去生机与活力，社会发展的齿轮也不会因我们的痛苦而降低转速。我们如果在这种情绪中不能自拔，抵抗力就会变得极差，身体的机能就会走向低谷。这样不仅会丧失原先拥有的，更会在悲中损伤自己。过悲伤肺，《红楼梦》里的那个林妹妹，整天悲兮兮的，见到落花都要伤怀，结果那么年轻就夭折了。

那怎么办？中央电视台《健康之路》节目中就曾提出：人是一只被充了气的气球，遇到悲，一定要哭出来。哭是放气，气体一旦积聚，一定要释放，否则气球就会爆掉。

人在极度悲伤时，哭是心灵的洗礼。如果泪水能沉淀出一种物质，那就会转化成内心深处的珍藏。不会释放悲伤，就不会沉淀下珍贵的东西。佛家语“一苦一智慧，一厄一慈悲”，悲是能生出善和慈爱的。

这就是让“丧失”化为“珍藏”！

Q：这句话讲得好！人在悲的时候为什么总会哭？因为他孤立无援、伤心绝望，他是在呼唤救助，在呼唤能拯救自己的某种力量。而那些让读者痛哭流涕的悲剧作品，也正因为把丧失化作了珍藏，才成为不朽的文艺名著。

C：我的母亲，因为操劳过度，40多岁就过世了。那时，在外学木工的我，每年总在两次农忙时回家帮忙干活，比如插秧、割稻、收麦等，可母亲总不让我在自家的田里干活，而一定要我去帮师傅家做庄稼活。母亲是为了儿子能学好手艺而把自己累死的啊！

现在我还记得，当时在老家常州的102医院得知母亲确诊为癌症，我一个人在骑自行车回家的路上就失声痛哭起来。因为没人劝，一边骑一边哭，整整哭了一个多小时，可以说那次我的痛哭，是一次动态的释放。

十多年前，与病魔顽强斗争了13年的父亲，一个勤劳正直又善于用自己的智慧在工作中进行发明创造的瓦匠，也撒手人寰，离我而去。我的父母都还没能亲眼看到他们的儿子今天的成绩啊！

这种“丧失”的悲痛是难以形容的，而我对父母的自责与负疚感，更催化着那种特有的悲伤。但悲中，我唯一能做的，就是在默默思念父母的同时，把他们身上那些可贵的品质发掘、提炼出来，作为我人生的座右铭来“珍藏”。

近年来，每逢母亲节，我都会用自己的手机，给遥远天国的母亲发一条短信，我说：

“一个伟大的母亲，

为了自己儿子的成长，

自己却累倒了，

儿子永远思念您！

妈妈，我爱您！

妈妈，我好想您，好想您！”

尽管我的母亲是永远无法收到这条短信的，但我总感觉她应该能看到，因为那一刻我内心清晰地感觉到她在默默地看着我，无声地督促我。这种感觉又变成我事业的动力，我总觉得现在的努力，都是为了能交给母亲一张好成绩的答卷。

Q：勤劳、俭朴、正直、先付出等，都是你父母留给你的传家宝，你把它们珍藏起来，恰恰又正是它们在给予你走出悲痛的力量，让你不断站到新的人生起点上。

九情之恐:为什么可以“不怕”

Q:美国作家杰克·伦敦有篇小说,讲一对夫妇,妻子在家中难产,满身是血,呼号不止;丈夫吓得躲在门缝里看,越看越恐惧。结果是妻子终于平安生下了孩子,而丈夫反倒不幸在惊恐中猝死……

C:他为什么写这篇小说,目的应该是揭示恐惧,战胜恐惧。其实,过去有许多鬼故事,像中国古代的《山海经》《聊斋》等,现在也不断有神怪小说和恐怖电影推出,我想作者的本意多还是在渲染恐怖中,让观众和读者直面恐怖进而战胜它。

忧虑多了就会变恐。中医上讲“悚”伤肾。一种胆怯、惧怕的心理长期作用,或突然遭遇意外惊恐,皆能导致肾气受损。像《三国演义》里的张飞,站在桥上一吼,竟把敌将夏侯杰给吓死了,估计那人肯定是因过度恐惧而导致肾气都散了。

恐不仅会对人的生理产生极严重的影响,更会摧毁一个人的精神世界。恐癌症、恐高、恐蛇、恐毛毛虫……你难以想象一个人整日处在恐惧之中将如何生活。

恐便是怕。我们常说的“担惊受怕”,说的就是恐惧。恐惧有时候是一种客观存在,更多时候,它其实是由人们内心的一种紧张感所致。往往事情不是这样的,但担忧过头了,就转化成了一种心理障碍。

譬如说,有个小孩看到高年级的同学打了他的同班同学,就一直怕他们总有一天要来打自己。其实这件事始终没有发生,但越没有发生,这个小孩就越感到恐惧，最后课也没心思上了，路也不敢独自走了，看到高年级的同学就像见到鬼一样，自此他完全变了一个人。从一个优秀的、无忧无虑的好学生，变成了一个整天心神不宁、成绩急剧下降的差生。罪魁祸首是谁？其实是恐惧。

Q：是的，假如把你同一头狮子关在一起，尽管事先明确告诉你，狮子是绝对不可能吃你的，但恐怕一个月关下来，你不吓死，也可能会精神分裂。可见恐惧对人的巨大威胁力。

C：人一旦恐惧、愤怒、焦虑、紧张，细胞就会产生有毒的肾上腺素。我总觉得，大多数病人都是吓死的。

但恐惧是无知造成的。譬如我们坐飞机，经常会碰到气流而颠簸，于是人们都很害怕，觉得飞机是悬空的，没有着力点，老担心它会掉下去。飞机正是靠气的巨大推力冲上天空，它发动机的形态可以正着飞，也可侧着飞、反着飞，战斗机就是如此，而客机要舒适，所以都是平飞。如果遇到特大的逆风与密云，会产生大的颠簸，但它其实照样在靠气的巨大推力与浮力的惯性安全飞行，不会有大的悬落，最多也就几十米几百米。所以，乘客只要系好安全带，就是安全的。就像汽车在行驶中碰到路上的石子，船遇到风浪那样。了解了这个常识，我们就不会感到恐惧，那种抖动反而还会像躺在摇篮里一般舒服。这就是战胜恐惧的认知法。

人在无助的状态下，精神上就会产生恐，所以在生活中要战胜恐惧，首先就是靠爱。恐惧既然是心理问题，那最有效的养心剂就是爱，多做善事也有助于战胜恐惧。

前面说到的《成功的快乐方程式》一书的作者，离婚后遭到了各种挫折、困难与压力，也由此带来她对未来生活的恐惧。但她坚持下来了，战胜了自己，就是因为与两个女儿相互给予爱，她才走向成功。她在书的扉页上就这样写："因为你们，我才能把过去的恐惧转移到这些技巧上……我爱你们！"她所说的技巧，正是快乐与爱。

信心也会让人战胜恐惧。自信会改变信息。哲学家尼采说过："如果你长时间盯着深渊，深渊也会盯着你。"改变了信息，你就会豁达坚强，相信自己能够战胜恐惧，并且对所有会带来恐惧的可能，都一概抱以不相信的态度，包括死亡。其实，人是没有死亡的，只有想象死亡和恐惧死亡，因为没有谁能体验死亡，没有谁可能回头告诉我们死的滋味。如果连死亡都不可怕，还有什么可怕的呢？

Q：哲学家维特根斯坦就说过："死亡，从来不是人类的经验。"要战胜恐惧，对生命的信心非常重要。

C：这里就涉及我要说的第三点，你的好胜心能够改造恐惧的性能，因为恐惧也可能激发人体内的无限激情。就像有人上战场前老是感觉害怕，但真的战斗一打响，开了第一枪以后，所有的恐惧竟迎刃而解，反而激发他去冲锋陷阵。所以，平常坐过山车、体验游戏等也有益处，惊险的娱乐体验，不仅对小孩，对大人也是有益的抗恐惧训练。

科学来讲，恐惧本是我们与生俱来的本能，是保护我们不受外界伤害的护身符。如果我们碰到毒蛇却不知恐惧，而毫不躲避地从它的头上踩过去，那后果会怎样？但如果面对的是一条假蛇，我们仍然大惊失色，那就是无谓的恐惧了。

本能的恐惧会令我们警醒，会赐给我们应急的力量。“恐”为什么可以“不怕”？关键在于你认识了恐惧，正视了恐惧，迎战了恐惧。遇到问题，我们不能因恐惧而退却，而应鼓起勇气去解决，要勇于向恐惧开刀。一旦你为恐惧所困，不妨把你恐惧的事物写下来，并讲出来，告诉5个以上的朋友。

九情之憎：可以拼出“赢”

C：一般人认为憎是负面的，憎多了会影响你对世事的看法。其实，它有中性的一面，也有正向的一面。憎是愤懑之气，也可能是一种正气、志气，它会产生意想不到的凝聚力；但如果是负面的，就会变成郁结之气，变成一种负回报，身心俱害。这就是憎的特性。

我说过，人3岁就要培养好奇心，20岁要憎，30岁要怒，60岁要有二度求知欲，这样才能使大脑年轻。所以我教小朋友，就是要让他懂一点儿憎的正力量和逆力量。

“九情九欲”很重要的一点就是憎。你是不是会愤怒？你是不是会对不满的事情憎恨？或者欺负你的人，你是不是想打他一拳？那样，碰到对手，你才会拼命想超过他。

Q：世界著名学术期刊《分子精神病学》最新研究发现：人体大脑中的“憎恨”网络由额上回、杏仁核、核壳等区域组成，当人们看到自己厌恶或者有强烈情感的人或事物时，这些脑区即会被激活。而抑郁症病人往往难以产生憎恨的情绪，这可能与“憎恨”脑网络的消失有关。

刚才说到憎的正作用,其实憎是人的正常情绪,就在一口气,不服输。

C:我们说好胜是原始的动力点,那好胜的源头也可能来自憎的催化。记得我12岁时,因为二哥建林与村里的一帮小混混结了怨,结果有一次我竟被他们截住,被扒光衣服毒打了一顿,疼得昏天黑地都不知是怎么回的家。但也正是那一刻,我痛下决心,一定要练好本领,将来一定要比他们强、比他们有出息。

为什么男人的憎恨力比较强,女人的憎恨力就没那么强?因为女人嫉妒心比较强,其实也是憎欲的一部分。但嫉妒心会让人变得小气、狭隘、斤斤计较,被一件不如意的事情所干扰,就感到全部的人生都是难以接受的,而且越是接近的人或事物就会越妒忌,这样成长就被局限了。

农耕时代的劳作,战争时代的厮杀,工业时代初期的重机械,女人都因为体力不够的生理客观因素而难以成为主角。但如今是后工业时代与知识经济时代了,女性的优势在逐渐显现,她们的智商、情商和财商往往高于男性,缺的可能就是这个憎欲带来的斗志。所以,女性也应该通过崇拜英雄来提升赢的力量。

憎与妒忌都可以转变成正面的动力。见到比我们厉害的人,我们就会想超越他、战胜他。现在我们很多的年轻人有爱情,有情欲,我觉得不够健全,还应要有憎欲,更有要赢的欲望。赢的欲望能造就一个人的意志力。

Q:没有恨也就没有爱,没有憎也不会产生顽强的斗志与强烈的热爱。

C：特别是一种大憎，那种国家民族之恨，让人怎么可以不生气呢？这种憎欲你千万不能去抚平它，而应该充分地张扬。

金庸的武侠小说为什么那么多读者爱看？他对情与仇、爱与恨的写作都把握得很到位，尤其是其中弘扬正气的立意，让人为之倾服！面对嚣张的邪恶势力，正义的大侠为何总能获胜？他就是把憎化作了一股气，这股气又成了力量的积累和凝聚。

Q：金庸小说里的许多正面人物，确实是利用憎欲获胜的极好案例。因为它的核心就是为正义而复仇，它能激发人的志气。

C：培养我们刚强的意志，我觉得最好的办法就是崇拜英雄，一定要有英雄行为。其成为英雄的起点并不高，首先就是阅读和观看有关英雄扬善惩恶的书和影视作品。

我读过很多关于英雄的书，在读书的时候就想象我是他。我读的此类书籍大概有上百本。我小时候还收藏了许多英雄连环画，如岳飞、岳云、杨家将、霍元甲等，大概有三四十本。我希望通过学习英雄来塑造自己的灵魂，培养自己的毅力。读到后来，自己就会进入角色，自信心就会更强大，感到自己的心脏会燃烧，血液会沸腾，就会产生超强的激情。

英雄最大的也是最本质的一个特点，就是爱憎分明。

Q：从你对“憎”的另一面解读中，我们可以这样理解，有憎才会去“拼”，才会拼出“赢”的精神。

C:人就是要有强烈的情感。在懂得爱的同时,也懂一点儿憎,怒和憎会促进韧和刚,人才会变得坚强。

小时候,我还打过一架,对方是个大个子的高年级同学,我自然打不过。他打得我背上青一块、紫一块的,但我始终咬着牙,抱着对方大腿不肯松手。因为他也打累了,坚持到最后,我还把他扳倒在地。我的信念就是:不让自己失败。

如今,特别是网络时代的现代人,一定要有赢的毅力。很可惜,现在很多男人血性不足,缺乏斗志,其实这对人生的拼搏奋斗都是很有危害的。什么叫养尊处优?没有憎,没有怒,他们不懂憎也是战斗力。

有句歌词写得好,叫"爱拼才会赢"。人要是坚强就不会脆弱,思想不脆弱,受到的挫折与批评,都有可能转化为动力。

九情之爱:回报就在"爱那时"

C:拥有幸福的密码是什么?这个密码就是爱!而爱的回报就是爱本身,就在爱那时。

北大有位教授说:"幸福=平和+快乐,再加一点儿爱,这个爱,让我对世界有信心。"日本人在一本叫《十二味生活设计》的书中说:"因为爱,所以会对生活保持长久的热情,才不会因一时困顿而泯灭希望,才有余裕去感知和发掘自己内心的力量,才有将幸福推己及人的能力。"这也直接道明了幸福与爱的关系。

Q:一篇关于《十二味生活设计》一书的评论中讲道:"因为心里有

爱，才能够将理想和现实平衡统一，从而真正推进生活的质量。”可见，唯有爱才是幸福的基础与平台，而绝非别的什么。

C：爱，首先是大爱，爱大自然、爱国家、爱民族、爱事业、爱事物，当然也包括爱情之爱、亲情之爱、友情之爱。一个懂得爱的人，肯定不是自私的人，必定是善于付出的人。我曾经写下这样的文字：自己只有一条路可走——爱，大爱，爱社会，爱每一个人。星云大师讲：“人生最美的最幸福的事是心中有一盏明灯。”这盏明灯，就是爱。

在我看来，爱往往比被爱更幸福，当你为一件值得的事去付出爱，其实你在付出爱的那一刻是最幸福的。反之，一个不懂爱也不会付出爱的人，本身就不具备幸福的基因，当然很难感受到幸福。感受不到别人的爱其实是一种精神的“鼻塞”。

不久前，我到宜兴的大觉寺，接待我的是星云大师的一位女弟子。她告诉我，这里的和尚不一定不吃荤、不结婚，当然也不一定没后代。星云大师的价值观是“无缘大慈，同体大悲”，无私的爱，才是真正的大爱。由此我想：无私，才能排除人的财色等一切欲望，让人内心宁静、清澈。而这种无私的大爱，会给自己带来无限的幸福，是“心灵生命”的内核。

我们在说了对国家、民族、人类、大自然这些大家共通的大爱之情之后，我想来探讨一下小爱，即爱情。

Q：追求爱情是人生的重要过程，讲生活哲学是怎么也不能绕过去的。“哲学”一词来源于古希腊，原意就是“爱智”。

C：爱是生活质量的本源，但我不想讲常理，还是通过另外的角度，给读者一些建议吧。

爱情为什么复杂？因为它是动态的，是发展变化的。那么，你对它最大的认识其实是你对对方的设定。

我曾说过，单恋也是一种爱，就是你内心里对对方有了一种设定，这个设定上升到把欣赏看作是一种拥有时，其实就完成了另一种方式的爱。还要懂得爱，才能爱别人。

爱情爱的是什么？爱的是自己的感觉，其实不是对方的人，而是自身的感觉。是自己的心灵感知，或者说是你在这一种情境中的设定，也就是在爱那时。

假设你和一个不喜欢的异性在一起，你看着身边的水和树，能看出感觉来吗？但当你同非常喜欢的他或她在一起，就会有非常想得到对方的欲望，你会看水是清的，树是绿的，连对方身上的气息、衣饰都喜欢……相信恋爱过的人都有此体验。

其实，爱一开始也就是爱对方的某个局部，而当你对这个局部的爱上升到异常强烈的程度时，那爱就开始蔓延到整体了，就会变成全面的欣赏。

这几个点就是相爱程序的开始。因为爱，你的内心就会发出一种呼唤，这种呼唤就会转化为欣赏；你就会愿意为对方付出，在付出的同时，你还会尽量展示你的才华或优点，譬如男人的豁达勇敢（男人味），女人的温柔体贴（女人味）等，这就促进了彼此的亲近。亲近就是相爱的外在体现。

要珍视这几个情感中提炼出来的点，它们是某种情感的结晶，会燃烧，会沸腾，会千回百转纠结在一起，怎么也化不了，怎么也解不开，真成了一个情结。但爱是释放，不是占有。释放，积聚；再释放，再积聚。就像储蓄与刷卡，只有不断地储蓄与消费，爱的过程才能长久。电视剧《后宫·甄嬛传》之所以热播，其实体现出的是现代人对真爱的渴望。

Q：所以人们说，失恋会让一个人变得成熟，爱也是一种病，皆因为他内心有了这个爱的情结。

C：亲情之爱也是如此，一个家庭也有一个情结的。

2010年春节前，我请香港凤凰卫视的主持人曾子墨专门给公司的员工和家属做了一次演讲，她有一段话给我的印象非常深。她说："一个家里没有爱，孩子就失去了依靠。"

孩子的依靠是什么？不是物质财富，恰恰是爱！这种情形很普遍：大人一吵架，小孩子就会感觉天要塌下来了一样。如果家庭不和睦是一种常态，那这个孩子将来的自信就会差很多。

失去信心意味着什么？意味着失去未来。为什么有的孩子从小与母亲特别好，或者同祖母、外婆特别亲？其实他就是在寻求爱的依靠和庇护。这就是他的情结。

Q：那全心于事业的人，他的情结就一定在他所从事的工作中。有情结才会有激情，因为有了情结，你就千方百计地要去解开它。

C：其实，工作之爱亦同理。

事业是生活的载体，又是提升智慧的实践平台。爱工作，在工作中找到乐趣，才会快乐工作，做成业绩，有成就感，受到表扬，提高技能。梦想、目标、事业心，都是工作之恋的连接点。连接上了才会产生"心流"，有“心流”才能让你产生成就感，也才能快乐生活。

我对工作确实也是有情结的。从我立志以来，三十多年始终如此。因为我还没有全部实现自己设定的目标，我有这个情结啊！我当然就同别人不一样，碰到事情，我会十分关注每一个细节，会潜心研究里面的分子结构，用各种方法去找到根源。而且越是困难的事情，我还越有去解决的激情。这正是爱的情结的能量。

人实现幸福的唯一路径就是爱。爱是人一辈子生活幸福与事业成功的功课。当爱完全成了一种习惯，还有什么事做不成呢？哈佛大学曾耗资2000万美元，持续75年进行一项名为“格兰特”的研究项目，推算出幸福方程式，第一个幸福方程式就是爱：“一个人如果没有能给予他支持、充满爱的情感联系，他不会感到幸福。”而第三个幸福方程式仍是“终身都在寻找爱”。

九情之善：悯+付出+更高层次的获得

C：古人云：“人之初，性本善。”我之所以要加上这个情，因为善应该是人类与生俱来的最美好的情感与品性的基础。善产生德，德产生善，正如恩产生爱，爱产生恩一样。但由于后天每个人身处的环境不同，遭遇不同，特别是受到的伤害多了，挫折多了，善的本性就会渐渐缺失，甚至被丢弃，这是非常严重的社会问题，同时也是我们必须重视的自身心理修养课。

什么叫善？我认为善的本质就是悯和付出。

伟大人物的内心一定是悲天悯人的，因为他有一颗伟大的同情心。

普通人也如此，比如遇到邻居家的老人生病，同事的工作上碰到困难，社会上发生许多意想不到的灾害，大多数人都会很自觉地伸出帮助之手，这就是善。当你获得这些帮助后，你满怀一颗感恩之心，也是善。感恩其实是智慧的财富宝藏，懂得感恩的人才有幸福的人生。“一个人如果不知感恩，表示内心贫乏；懂得感恩知足，则俯拾皆是财富。知感恩，懂惜福，才是富有的人生，生命的价值也就不一样了”。（星云大师语）所以，我们一定要培养感恩的美德与习惯，时时心存感恩。悯是什么？同情心。

Q：善，总是同美好的词汇联系在一块，像慈善、善良等，因为善的背后，就是尊重。你被尊重了，就有了做人的尊严，有了尊严，自信也会增强……

C：关于付出与利他，星云大师说：“一个人的贫穷，并不一定是身无分文、衣不蔽体、食不果腹，而是内心中缺少爱。自己不愿意关心别人，所以也不被别人关心。”他还说，“懂得利益别人的人，便是懂得人生的圣者。”因此当我们愿利益众生时，所有的资源都会流向你，因为资源是服务大众的。

善良包含忠诚、同情心、真诚、孝心、宽容、凡事为对方着想等，具有这些善良基因的人，就是感知能力特别强的人。他们会感知别人，当然也善于感知自己的感受。但善也会被误读，譬如说忍让、宽容这些善良的修养，会被不懂善或者心底无善的人认为是无用，是软弱可欺。

记得有本书里讲过这么一个故事：有位贫穷的面包师来到一个陌生的小镇，这个小镇上的人从来都没吃过面包，认为他是另类，对他很不友好，甚至欺负他，经常给他捣乱。但面包师并没有生气，每天都做一部分面包,送给那些砸他门窗的人吃。

一个月过去了,境况还是如此;两个月过去了,破坏的人开始少了起来;到第三个月,基本上没人捣乱了。终于有一天,那些原来的坏家伙们结伴来到面包师家门前,一同向他赔罪,请求他的宽恕,之后就再也没有发生过破坏面包房的事。再后来,他们还一同帮助他在镇上修了一家小小的面包房……

善也是自我保护的工具,但更是一种力量。善是有力量的,这种力量里又包含着智慧。正如佛家所言:“用行善对治贪欲,用包容对治憎恨。”这就是所谓的“原谅别人就是善待自己”吧。

还有一句话讲得更好:如果你把最难容忍的人当好人,那么你光辉的本性就出来了。所以,我们内心要善良,对外多行善。其实,善还不光是付出,它应该是一种更高层次的获得。善的力量和智慧会受到社会和他人的尊重,善良的人也会感受到这种尊重给自己带来的温暖,那他的幸福指数就绝对很高。

Q:做好事幸福指数高,多付出会让你获得的幸福指数更高。《秘密》一书中说:“‘给予’是把更多金钱带进你生命里的强效方法,因为在给予的时候,你等于在说‘我有很多’。”

C:真正的给予是没有想着再拿回来,不然那是交易。牺牲也不叫给予。善是给予和多付出的基础,给予才是人生的天堂。

很多人只讲亲情关系、血缘关系,很狭隘,我们要的其实有三种颜色的血缘关系,这也可以说是善的延伸。

第一种叫红色血缘,指纯粹的生理血缘,亲属血缘关系,对应的是家人；

第二种是蓝色血缘，那范围就广了呀，可以把工作伙伴、合作关系都囊括进来，对应的是朋友；

第三种是黄色血缘，那就是天下的炎黄子孙，对应的是老百姓。

第一种血缘人人都有，第三种当然属于伟人的胸怀，但我们至少可以拥有两种血缘关系。你想，我们除了红色血缘，还拥有蓝色血缘，我们多么的富有，多么的幸福啊！

Q：我们曾经聊到过一个"善那时"的概念，也就是说，在对他人付出的那一刻，自己的内心似乎更加愉悦，滋养了自心。

C：佛教里有"善有善报"说，应该从付出与获得的关系的角度理解才对。非功利的善才是大善，大善又带来大得。

2008年四川汶川地震，我们派了36辆车，24小时内赶赴灾区，捐赠了大量的急需物资，之后又数次捐款。我们觉得，那才是自己最安心、最有精神力量感的时候，好像经历了一场灵魂的洗礼。

其实，善的回报的确也就在"善那时"。善带来的幸福感是最强的，它的大公无私、利他主义等，都是最高境界的幸福。特别是让你自身感受到那种平静的但充满力量感的愉悦！

Q：善还是需要自己时时体悟的，但善不是仪式，真正的善心应该渗透在我们日常的生活之中，甚至是生活中的每个细节上。

C：譬如情商中的与人交往之道，对他人热心，善于与他人交心，让他人放心等，都是善的具体体现。所谓善之三宝——慈悲、善良、宽容，并付之言行，你就是在积善。

善与德往往又是连在一起的，积善成德，有德必善。最后，再讲个关于德善的故事。

旧时有个非常出名的风水先生，一天外出看风水，却不慎在山中迷了路，又受了重风寒。后来，他好不容易找到一户人家，想讨碗水喝。这户人家中只有一位老太太，她很热情，马上给风水先生倒了碗热水。但风水先生却满腹不高兴，因为那碗水的上面漂着许多碎稻草，他认为受到了侮辱。于是，临走时当老太太聊到打算盖房时，他就有意指了一块风水很不好的地。老太太当然不知情，后来就照他的话在这块地上盖起了房子。

5年以后，风水先生想起此事，便特意再去老太太的家里，结果他奇怪地发现这个家现在非常兴旺。风水先生实在不解，便去村上打听，才了解到这位老太太品德非常好，经常乐于施善，帮助别人。那她何以要往给自己的水里放草呢？风水先生忍不住当面问了老太太。老太太回答说："你不是受了风寒吗，你喝水时看到草肯定要用劲吹，吹着吹着，你身上的风寒就会散发了。"风水先生这才恍然大悟：原来正是老太太的善上升为德，而品德把那块地原本不好的风水都改善了啊！

Q：你讲这个故事太有教育意义了，许多人都信风水，可他们不知首先要积德，风水在其次，此乃"一德二风水"啊！由此类推，善能改善甚至改变生活中诸多不好的因素。

C：品德是一个人的风水。对同事好、对客户好是一个人职场的风水。所谓"修身种德，事业之基"，就是讲一个人的高尚品德，正是他一生事业的基础，如同兴建高楼大厦一样，地基打不稳，就不能建筑坚固而又耐用的房屋。而人积功德，正如星云大师所言："每做一件好事，你就一点点地改变了自己的信息场。一次次地改变自身的信息场，遇到的事情就不一样了。"

善同孝还连在一起。孝其实不光是付出，也是一种获得。我妈妈爸爸只活到48岁和68岁，我还有四个姨妈和两个姑姑，我对她们就像对亲生父母一样好。周围有许多人不理解，我说一来孝顺是我的本分，替爸爸妈妈照顾她们是应该的；二是她们都近80岁了，我还希望她们更健康长寿，这样可以提升家族血脉的生命信心；三是我对孝顺的以身作则，可以让我的儿女小辈得到学习。

九欲之生：热爱生命要有精神动力

Q：今天我们先聊人的第一欲望：生。可以说生是其他欲望的平台，一个人假如生的欲望都没有了，那其他所有的欲肯定就不存在了。

C：生欲，简而言之就是求生欲，这是人类最基本的欲求，几乎没有人不想求生的。求生，倒过来说也就是怕死，人类也正是凭借生的欲望得以一代代地繁衍存在。

生看似简单，但如果没有强大的精神动力做内核，会活得无聊、麻木，连生的欲望都会被自己扼杀、毁灭。现在不是还有许多人轻生吗？那些人是活着，但缺乏精神动力。

精神动力是什么呢？就是对生命的信仰、热爱和尊重。但如果失去了这些，生的价值就消亡了。所谓“偷生”的说法，就是这种情况。具有精神动力，你就不怕吃苦，不怕经历磨难。所以，即使是盲人或者聋哑人，大都坚强地活着并奉献着。他们虽然失去了视觉或听觉的生命，但依然具有精神生命。我看过张艺谋拍的一部电影《活着》，葛优演的男主角，他可以说是历尽艰辛，碰到多次危及生命的遭遇，但他凭着顽强的信念，一次次活了下来。这个信念就是“活着”，电影表现的也正是这个主题。

蚂蚁不知道天地有多大，人没有大智慧就不知道宇宙和人类有多伟大。所以，平时如果不注重价值观的升级，追求的也只是停留在吃喝玩乐的“原始时代”，就不会有智慧财富和精神财富的创造。人生命最终的高度和格局取决于你的信仰、价值观、梦想和永远向上一个等级的进取心。

Q：杰克·伦敦的一篇小说就叫《热爱生命》，讲人在荒野绝境中，在饥寒交迫下，只得与狼搏斗。狼想吃人的血，人也想吃狼的血，最后人就是本着对生命的热爱战胜了狼，并靠吸吮狼的鲜血救活了自己。这个故事，列宁临终前在病榻上，还专门让人为他朗读。

C：所以我们讲生，最重要的就是精神动力。

譬如说长寿，它不光是肉体生命的概念，它还会让人产生生命的成就感。我看到越长寿的老人，精神越好，或许就是这个道理。

我现在就在对都市里百岁老人的长寿秘诀进行研究。我在北京、上海、香港、东京4个城市发了300多份问卷，做调研。我希望将来专家们能研究出一套办法，让健康工业化，来“生产”百岁老人。

而在这次调研的过程中，我发现生命首先还是来自自信，而非盲目的求生。自信了，就不恐惧死亡。

Q：动物大概是不畏惧死亡的，它们没有认知。人们杀它们时，它们所表现出来的反应，其实只是疼痛的感知，而不是对后续结果的恐惧。

C：对于生，我认为世界上有两种人：一种人活着，只是具有肉体生命；另一种人，则通过修炼，拥有了精神生命。肉体生命只是生理生命，精神生命是一种心理生命。肉体生命只是为了追求本能与物质意义的幸福；精神生命的核心是体验智慧和成就感，以及心灵的体验。精神和智慧融合后，逐步上升到心灵的生命，人才有了灵气与灵魂，这是"灵性生命"，它是精神生命的升华。

真正的生命是什么？它的载体是事业。爱迪生说："生命就是事业，事业就是生命。"修炼精神生命的人，把事业作为生命的人，就不在乎酸甜苦辣、喜怒哀乐，而在乎修炼提升和追求奋斗的体验感觉。这便是人生的精神动力。

人生是一个庆贺的礼堂。正因为平时不断有业绩、不断有成功的喜悦，才使本来是悲剧的人生有了非凡的意义。

Q：精神生命者不是等待生命的延长，而是积极地活在生活中，活在当下。也就是说，生命在他的情境里。

九欲之食：多元的口感

C：民以食为天，食物是人类维持生命的必要条件，是求生欲望的具体体现，也是人生的第一快感。

为了生存，当然得吃呀。饥饿大概是人类仅次于死亡的痛苦。千百年来，人类不断进步，吃已不仅仅是为了充饥，而发展成为一种文化。

于是，这个食欲也在“与时俱进”，不仅要吃饱，还要吃好，甚至还要吃出权利和虚荣。这其实就破坏了食的原生状态。

进化的餐饮，当然还要有视觉和嗅觉上的功能，用来刺激和满足人们的眼睛与鼻子，但主要还是满足人口感的。2012年有部纪录片很火，叫《舌尖上的中国》，有那么多人关注，这从另一个角度证明了食对人们的影响力有多大。

其实，味觉也不光在舌头上。我认为，爱吃什么本质是对过去口感的记忆，是一种习惯。有个星期天，我去拍广告片，一位同事因小女儿无人照看，就把她带去拍摄现场。中午我们一起吃盒饭，可让我惊讶的是，这个小女孩居然一下子吃下三块大肥肉，顿时也就唤起了我对童年有关吃的记忆。

小时候我们家在乡下，生活比较艰苦，平时能吃饱就算不错了，肉如同现在的奢侈品。难得逢年过节桌上有，可家里规定瘦肉是给女性吃的，只有妈妈嫂嫂妹妹可以吃，两个哥哥和我都不准吃。于是，这种被迫的选择使我从小心理上就认为肥肉不好吃，甚至变得很憎恨肥肉，还由此养成了长期讨厌肥肉的习惯。时至近年，我忽然发现自己对瘦肉一点儿感觉都没有了，而且特别想吃肥肉，一旦见到，就好像要流口水。尽管为了保健要控制欲望，可偏偏越克制越难受——这是怎么啦？我这么多年的口味习惯怎么会突然改变？

那个小女孩对肥肉的偏爱是习惯，我从小对肥肉不美好的记忆也是习惯。但习惯是会随着时空的转换而改变的。那口感是什么？我觉得它是综合的因素，它是多元的、多义的。今天我们解析食欲，我就想从多元的角度来引发一些新的思考。

Q：食欲，可能在当今已从生理的层面上升到心理的层面了。尽管我们也还会有饥饿感，但不会饥不择食，还会在许多非充饥的因素上做出选择。

C：食欲的满足，其实已是一种心理满足的快感，也是一种视觉、嗅觉、味觉和感觉的色、香、味的综合体验。

你看厨师，大多数都肥肥胖胖的。为什么？因为他在创造美食的过程中，不断地在亲身体验美食。他的食欲又在体验中大大提升，等他吃腻了，当然又会创造更多、更新的美食。这也揭示了体验与创造的关系。

所以，培养食欲、保护食欲很重要，它会提高人类对美食的创造力。特别是小孩，一定不能破坏他们的食欲，一旦他们的食欲被破坏了，那他们的求知欲也一定会被破坏，将来智慧的开发也会受到影响。

我到过一位朋友家里吃饭。他家有个很小的孩子，四五岁吧，就是不肯好好吃东西，于是孩子的父母、外婆外公等一家都来逼这个孩子吃饭，越逼孩子越不肯吃。

我当时就看出来，这个孩子的食欲已经让大人们所谓的“各种办法”

破坏掉了。你想,小孩刚生下来,可能第一个欲望就是吃,连吃的欲望都没有了,那不可怕吗?食欲没有了,其他欲望也会减弱许多。其实,引导小孩吃饭,先饿他一顿也不要紧,他饿了自然就想吃了。

我一直认为,小孩子的成长主要靠五好:好吃、好动、好奇、好斗、好胜。好吃是排在首位的,后面的"四好"应该都是从好吃延伸出来的。

Q:你这个观点,的确是从食的原生状态来观照,又从食的多元性上来思考的。

C:对食应该尊重。尊重大自然的赐予,尊重劳动者的辛勤,也尊重自己的肠胃。每天多吃,胃就逐渐撑大;每天适当少吃一点儿,胃就会逐渐变小,这样还可以减肥。人最难得的能力就是自律。有的人整天挺着个大肚子,就是在告诉别人:我不能管好自己这张嘴嘛!照养生专家的说法:每天吃九成饱可多活10年,而吃八成饱则能多活20年。

吃,还要学会细嚼、慢嚼、多嚼,这样分泌的酶更多,味觉更佳,也更有助消化。为什么餐前要有开胃菜?因为那时口腔尚未分泌酶,而开胃菜的咸、酸、辣、香会刺激口腔里酶的分泌,使后面品菜的味觉更好。体验美食,更要在吃饭吃菜时,想象着一粒粒稻谷和一棵棵菜原始鲜美的感觉,然后再慢慢地品味道。

我们还要善于吃,会品味,享受美食带来的乐趣,而不能把食这一原本最朴素的欲望人为地异化了。

粮食是什么?它有阳光照射和大地结合产生的大量营养物质,我们吃粮食,就是在吃阳光。它确保我们的健康。你说,我们如果天天吃大鱼大肉,受得了吗?说穿了,不是真为自己吃的,无非是虚荣心在作怪。

我请客吃饭点菜，往往就点自己喜欢的菜，但我会用我的健康美食观去感染别人，一边吃还一边说好吃好吃，吃的同时还增加了附加值。有的人总是想方设法点对方喜欢的菜，只迎合了别人，却没有一点儿惊喜。人不把吃当一回事，不讲究，也不对。像自助餐，基本上就是塞、满、饱。

吃是人生很重要的部分，吃的不仅是营养，更是美味与幸福。所以，我们应当培养自己善于吃出味道来的能力，要学会品味菜肴的滋味，要不怎么有美食家之称呢？

Q："谁知盘中餐，粒粒皆辛苦"，你对食的消费观又有哪些看法？

C：说到食的消费观，我这里要介绍一位台湾的著名实业家应昌期先生。很多人都知道，"应氏计点制围棋规则"就是他发明的。他深谙赚钱之道，但更懂得如何花钱。

对于吃，他有这样一段话："很有钱的外国人，但也很节省，从不一盘菜没吃完就上第二盘。中国人吃饭太浪费了，一吃就是满满一桌子菜，碗叠碗，盆压盆，喝酒非把你灌醉。这样的吃法，一浪费时间，二浪费钱财，三浪费物质。"

消费观，就是人的世界观。消费的境界，其实就是人的境界。

Q：我们是该反思目前吃喝中的怪现象。中国应该是美食大国，而不应该是靠浪费出来的餐饮大国。

C：可惜，粮食有相当数量其实是浪费在餐桌上，被称为"舌尖上的浪费”。为了显得客气、有礼,结果请客吃饭至少浪费10%,吃喜酒浪费30%。中央电视台《新闻1+1》节目里播出过来自中国农业大学食品科学与营养工程学院调查的数据:目前,中国的食物浪费程度超乎想象,他们选取了大、中、小三类城市共2700台不同规模的餐桌进行分析测算,发现全国一年仅餐饮浪费的蛋白质和脂肪就高达800万吨和300万吨,这相当于倒掉了2亿人一年的口粮。我们现在日子过得相对宽松了,没想到与之成正比的是巨大的浪费。

食,不光是吃,更不是滥吃。任何事物只有在一定的“量”与“度”的前提下,才能使人获得快感和幸福。我们需要从多元的口感中慢慢悟出学问来。

九欲之色:河流该在河床里流动

Q:有人说,欲是河流,情是河床,这很有道理。奔腾的河水,在河床里流动才是健康的,也是久远的。否则,便是洪水泛滥,你能想象其后果吗?

C:情与欲分别属于“心”与“身”,它们两个联系密切但又属于不同的领域。同时,情与欲互动互补,相辅相成。情可以生欲,欲也可以生情;欲的满足需要感情的投入,而情的愉悦也有赖于欲的满足。

人的色欲,可分为三个层面:一是生理欲望的满足;二是心理情感的体验;三是精神欲望的提升。如这三者能互为作用,叠加深度,催化高度,就可以碰撞出灵性思想的火花,获得倍数效应的叠加幸福。

反之，无情之欲是可怕的，对健康的身心危害极大。

所以说，色欲是河流，婚姻是河床。现在一夫一妻制是人类文明的进步，我的“有限幸福论”中重要的一条也就是“婚姻唯一论”。假如让欲望无限膨胀，绝对谈不上幸福，而只会带来无尽的烦恼。从人性的本质来分析，还是爱的匮乏。情爱缺失症，其实也是一种病态。《新鸳鸯蝴蝶梦》一歌里唱道：“由来只有新人笑，有谁听到旧人哭？”

真正的有情者是“愿得一心人，白首不相离”，并无怨无悔，印证着“情人眼里出西施”的名言，所谓“爱会生情，情又生爱”，也证明这份有情之爱没有折旧。

Q：爱不折旧，这个概念非常好。

C：色欲必须有爱情为基础，才能达到身心的快感。人们喜欢把年轻人的热恋形容成共浴爱河，这就说明，河流也只有在爱的河床里流动，才会清澈、美丽而浪漫。

在此不妨先解读一下情感的构成，只有了解构成，才能使爱情保鲜，爱情保鲜了，才能使婚姻保险。也只有保鲜的爱，才能更有效地调节和控制欲望。

一是呼唤。不一定是语言，可能是一个眼神，或一个细小的动作，但那是真诚的呼唤。对方感应到了，内心的呼应就会反弹给你。

日本有一本名为《水之道》的书，说你天天对着一杯水呼唤“我爱你”，然后把这杯水放进冰箱，再拿出来的时候，会发现结成的冰块里蕴藏着笑脸的影子；而反过来，你总对这杯水说“你是臭水，我不喜欢你”，结果放到冰箱里，结成的冰块也是丑陋的。

二是施恩。即无条件地帮助、服务你所爱的人。爱不能光是被爱，更重要的是要学会和善于将你付出的爱让对方直接感受到。

三是相处。不断地和睦相处本身就是情感的升温，从相处到身心的吸引，相处越久，吸引力就越大。

四是欣赏。要做到这点，人们首先要让自己的内在变得强大，让对方欣赏而非贬低自己。欣赏积累到一定程度，就会上升到崇拜。

五是提升。即注重自己的形象、仪表（恋人其实也是很注重外表的，一个没有形象的人，自然很难被人爱慕），包括知识修养、个人气质，然后不断提升到精神层面的碰撞。

这种循环往复的感情升温法，会让你的爱情保鲜如初。“情人眼里的西施”也是要用心呵护的啊！还要记得，男人最大的武器是关怀，女人最大的武器是温柔。

Q：还要用到你的“有限幸福论”。人之所以有别于动物，那就是能够控制欲望。而在有限幸福的原理下，你完全可以通过创造达到无限幸福的状态。

C：创造很重要，婚姻或者恋爱都需要彼此为对方创造条件和机遇来提升情感。2011年美国的国民婚姻状况调查显示：慷慨是婚姻幸福的关键因素之一。研究者认为，如果夫妻双方在日常生活中经常为对方付出一些小努力，就会让他（她）感觉婚姻生活非常幸福，从而促进心理健康。

客观上说，人毕竟是血肉之躯。控制色欲，可以用智欲、征欲来对抗、平衡，通过培训自己刚强的意志，提升自己高尚的情操来节制，还可以通过读书、旅游、体育运动来排解、转移。

Q:蒋勋在他的《生活十讲》里就讲过自己早年的例子。他说在他“精神向往和肉体欲望冲突得很严重”的时期,他“因为生理的苦闷,开始去思考人到底是什么,精神在哪里”。

C:人本性中的弱点和缺点是很多的,问题在于你怎样不让它们张扬,这就需要自控能力。如果自我控制力缺失,就会失控。一旦失控,所有的缺点、弱点会把你的优秀之处全淹没掉。

九欲之适:是不是幸福感

Q:“九情九欲”里有一个其实人天天都在感受、追求,却又往往认识不够的欲望——舒适欲。

C:对啊!舒适欲,就是尽量使自己感觉更舒适的欲望。像冷热、香臭、疲倦、爽快、痛痒、明暗、软硬等,都是与舒适相关的欲望,同时又与身体各个感官有关。

譬如说睡欲,是人们对睡眠的需求。就我们平常人来说,每天要睡8小时左右,人的一生有三分之一的时间是在睡眠中度过的。这个欲望满足不了,人也同样非常难受。

还有遇到寒冷,人就自然产生对温暖的渴求。在冰天雪地里,对寒冷的恐惧心理可能远远大于其本身对身体构成的伤害。

其实很多产业,工业革命带来的科技进步,都是为了满足人类的舒适欲。空调、冰箱的发明、生产,就是为了让人体觉得舒适。人们不肯多走路去交换意见,就发明了电话;又因为电话还要跑到固定地点去接,又发明手机……人类为了满足舒适的欲望,会不断地创新、创造。从某种程度上讲,人的舒适欲推进了社会的工业革命。

没有飞机前,人们去美国只能坐船,花费时间之久,简直不可想象。过去我从常州到上海,坐汽车起码要花6个小时,但现在有了高铁,40分钟即可到达。物质的满足给人带来了舒适,而人对舒适欲的追求恰恰也成了开发、创造新物质的原始动力。

Q:譬如由花的美延伸到花的香,香水由此诞生了,这的确是在满足人们舒适欲的基础上开发出来再作用于人的。

C:许多娱乐活动的开发,也都来源于人对舒适欲的追求。当然,舒适欲的积极意义在于一定要转换成生产力才有价值,否则人会更懒。

如今的高科技,像苹果公司生产的电脑、手机等,不仅在满足人们视觉、触觉方面的舒适欲,更进入人的心理触觉,即体验的快感。

舒适的本质只是一种生理欲望的满足,其实在物质条件和科学创造达到一定程度的今天,是很容易满足的,但幸福就没那么简单了。

舒适欲只是一种快乐,是幸福基础的一小部分,因为快乐往往是短暂的。

Q:但问题是,现在很多人,特别是没吃过苦、没经历过艰辛努力的年轻人,以为一时的舒适快乐就是幸福,那就对人生的理解谬之千里了。

C:舒适欲是人的本能,但以为舒适、快乐是幸福,就进入了误区。

《环球时报》曾有篇文章叫《快乐不等于幸福》,讲述了这么一个案例:假如让你住在好莱坞的迪士尼乐园里,只要你愿意,可以整天玩各种游戏。你或许认为,住在这么一个充满乐趣的地方,一定比住在别的地方的人幸福得多。那就说明你把快乐等同于幸福了。有这样想法的人并不在少数。事实是,幸福与快乐之间并不能画等号。

快乐是人在某项行动中的感受,幸福则是行动过后的感受。较之于快乐,幸福更为深刻,持续的时间也更长。游玩、打球、玩牌、看电影,这些由舒适感带来快乐的活动,可以帮助人们放松下来,暂时忘却现实中的烦恼,甚至还会让人开怀大笑,可这些情绪会在快乐的活动结束之后随即消失。

我非常赞同这样的观点,许多经常被舒适、快乐满足的人,背后却隐藏着不幸,悲观厌世、酗酒吸毒、家庭解体、自杀轻生的情况并没有比普通人群少。如果相信简单的快乐就等于幸福,那不但不能帮助我们获得幸福,反而可能让我们失去真正获得幸福的机会。

我认为要拥有幸福有五个指标:第一个就是常人认为的幸福指标,或许就是所谓的舒适欲的满足吧;第二个是痛苦指标,人只有感知痛苦后,才会更深刻地感知幸福,也才会更加珍惜幸福;第三个是智慧指标,智慧会让你懂得幸福的高度与深度,从而接近幸福的本质;第四个是成就感指标,心理舒适才算是高舒适,所以有成就感会让你感觉幸福;第五个是体验指标,学会体验、善于体验,才会拥有当下与长久的幸福。

一个人要做成事、做大事,不光靠智商和情商,还要有逆商——就是抗压能力、抗击打能力、在挫折中成长、愈挫愈勇、跌倒了再站起来的能力。这一点,在眼下这个时代尤为重要。因为现在变化快、不确定因素多,做小事会遇到小挫折,做大事会遇到大困难,困难和挑战几乎是家常便饭。

有个故事:一头驴掉进枯井里,每天都不停地有人往井里倒垃圾,驴抖掉身上的灰,以垃圾中的菜皮和树叶为食。几个月后,当垃圾越积越多,堆到接近井口时,人们惊奇地发现,居然有一头驴从井里一跃而起,重新站立在人们面前。

Q:美国有学者认为,幸福其实往往与痛苦相关,而并不是满足舒适欲的快乐。

C:现在大部分家庭物质条件好了,但培养孩子不能光让他们躺在舒适的温床上,至少应该让他们懂得,舒适欲的满足要靠自己去创造。

刚才还说到,能获得真正幸福的事情,往往与痛苦相关联,譬如婚姻、子女抚养、职场发展等。有的人为什么不愿意结婚,其实他是不想承担责任。承担婚姻的责任不是一件轻松的事情,有时相当痛苦。结了婚,他就不可能再像单身时那样随心所欲了。同样,不想生孩子的夫妻也是宁要不痛苦的快乐,也不要痛苦的幸福。在孩子的成长过程中,父母要付出很多艰辛和劳动。但恰恰是在孩子成长的过程,那种为人父母的幸福感也更真实、更具体。这样的幸福是那些不愿做父母的人无法体会的。

工作也一样,就像结婚就是要一辈子在一起,不能让自己有退路。哪怕历经很多艰辛,体验很多酸甜苦辣,那份幸福感也是只追求安逸、舒适的人无法体会的。

具有幸福感的舒适欲,一定是上升到心理体验或者说是心理触觉层面的,也只有满足了心理触觉的舒适欲,才会具有幸福感。

Q:你的“心理体验”和“心理触觉”提得非常好。为什么那么多人崇尚艺术?因为艺术不仅满足人视觉或听觉的享受,更能进入人的内心,满足人们高层次的心理体验。

C:哈佛大学泰勒·本-沙哈尔教授在对幸福的解读中,有一条就是身心互动。因此,单一的、被动的舒适欲是不会具有幸福感的,只有可以互动、体验的,你在这个过程中付出后获得的舒适欲的满足,才会有真实的幸福的感觉,也才是长久的幸福。

因为你体验了过程,参与了创造!

九欲之知:人的翅膀

C:求知欲,即想要了解、知晓一切事物的猎奇心理。古希腊哲学家亚里士多德说:“求知是人的天性。”想把某件事情的真相弄清楚,这种冲动是人类的天性。

人是智慧的动物,天生有追求智慧的欲望。过去一般讲求知欲,我说要通过求知来求智。光求知还不够,还要去用求得的知,使其成为智,因为智慧才是人的根和神。

当然,人之初首先是求知欲,然后将其发展成追求智慧的欲望。

Q:人为何天生好奇?就是因为有求知欲。

许多读者可能还不太了解，我国有个分子生物学重点实验室，它的学术委员会主任叫王恩多。王女士在学术上卓有成就，为世界公认，而她的格言就是“好奇心和童心让我充满活力，使人永远快乐”。

C：从王恩多教授的成长历程来看，正是这种好奇心让她对未知世界的探索有了浓厚的兴趣，她惊叹于科学的奥妙和神奇，并由此认定科学研究为自己的终身事业。她认为，培养学生首先就是要激发他们的好奇心。

这点我不仅有同感，更有切肤之感。记得我小时候特别喜欢看《十万个为什么》，其实没有什么目的，也根本不知道将来会派上什么用场，但就是喜欢。完全是一种求知的欲望驱使我看完一本，赶紧再去借下一本来看。就这样它刺激、培养了我的好奇心。

许多成功人士，童年时期满足好奇心的途径就是听故事，然后经故事的激励后立志，长大了就努力去成为故事中的优秀人物。好故事是求知欲的启蒙。

许多小孩都有“打破砂锅问到底”的好奇心，我发现许多大人往往不耐烦，会呵斥孩子“问这么多为什么干吗”。他们不知道这正是孩子智力开发的开始，而他们的“不耐烦”会成为孩子成才路上的阻碍。好奇心、好胜心会激活求知欲。培养孩子首先要让他（她）有好奇心，还要让他（她）穿干净挺括的衣服，他们做好了事、学会了什么要及时表扬。

我现在培养孩子的分析能力，就让他们多看《少年包青天》《狄仁杰》《大宋提刑官》等电视剧，让他们在复杂的案件里锻炼思维，从小就学会分析，学会从因找果、从果找因。

但现在还有个很大的问题，许多年轻人只浏览网站，不读书（纸质书),也不看电视,殊不知这样知识面会很狭窄的,思维又回到了二维平面时代。现在大家都批评中国的教育,说学生学习压力太大,但作业多也有好处,不仅知识多吸收了,更养成了吃苦、勤奋学习的习惯,所以中国的大学生到国外留学,基础成绩大多很优秀,如果思维再拓宽,就很容易成才。我们现在能成为世界生产大国,也正是源自这种吃苦精神。

孩子的思想,往往无法超越他常接近的那几个人的思想,所以父母要常带孩子到优秀人物集聚的场合,让孩子不断接受新的智慧,这样他就会有不可思议的变化,超越只是时间早晚的问题。

Q:人的智慧并非天生,而是从好奇心、求知欲发展而来。那成年了,还会从哪里来?实践、成就感,都可以培养出追求智慧的欲望。

C:成人应该更有追求智慧的欲望,而且智慧会刺激新智慧产生。每个人本质上都是很普通的人,但我们的智慧是随着个人知识的积累不断增加的。

今天的成功对新的智慧产生非常重要,这就是成就感激发的智慧。

早年我的经历,对今天智慧的养成也非常重要。拿我做小工时的经历来讲,刚开始工地上让我泡石灰,当时我虽然把脚都泡破了,但是不久我就成了一个优秀的泡石灰仔。因为我在用心泡,在动脑筋。虽然当时并不知道智慧这两个字,只认为要勤快。

接着我又打水泥疙瘩打了一个月,我自认为我也是个优秀的打水泥疙瘩者。再后来,我在工地上做了一年多的饭,工友都说我烧的红烧肉特别好吃,到现在为止,我二哥建林还很怀念我做的红烧肉,因为我用心研究了菜是怎么样搭配的。

说实话，早年我只吃过猪肉炒大蒜，不晓得肉还能同别的菜搭配，但我见别人用肉烧萝卜后，很好奇，也尝试搭配别的菜烧，就成功了。其实，这就在好奇的无意间追求了智慧。

之后，我就把烧饭的经验用到工作中来了，怎么样的人才配置，怎么样的合理布局，怎么样的系统思考。于是，这些就真正变成智慧了。

Q：煮饭也是一种经验。你用好奇心去实践，肯定会是优秀的厨师，做小工也会是一个优秀的小工，做木匠更是一个优秀的木匠。好奇加实践，就产生出智慧了。

C：智慧更多是被激发出来的，可惜现在我们对求知欲的培养都不注重。

惠普上海分公司的一位部门主管，他着力于“在观察中学习”，认为积累不仅来自工作本身，还来自好奇心和主动学习。

但成人往往不好意思像小孩那样提问，那就需要强化自身的学习。通过书本，通过网络，通过交流，都可以最大化地满足你获取新知识的欲望。2008年诺贝尔文学奖得主、法国著名作家勒克莱齐奥说过：“我想一辈子都保持小学生的好奇心，去了解、去阅读更多，从而丰富自己。”

在工作实践中的钻研、推理、解剖和分析，也都会激活你的求知欲。

当然，我们追求知欲更要有“掘地九尺”的精神。过去我们说掘地三尺，现在远远不够。你要比他人多一点儿智慧，要找到事物的本质，就必须掘得更深，一定要把这棵树的根和须都掘出来。这个“掘地九尺”是我家的“传家宝”。

九欲之诉：把愉快和不愉快都说出来

Q：诉，其实是过去被很多人忽视的人本能的倾诉欲望。

随着现在社会文明的发展，诉将越来越受到人们的重视，所以心理医生现在成了热门职业，甚至还冒出心理陪护的职业，都是诉欲产生的需求。

C：诉，其实就是表达欲，想要把自己的见闻、想法、感受等告知别人，并获得他人认同的欲望。人应该善于诉说、倾诉，或排解内心因失去、挫折带来的烦闷、积郁，或分享成功的喜悦和智慧等。因为语言本身就有情绪心理释放的功能。

就像打开一扇心窗，让健康的精神空气对流。否则，不良情绪消化不了，就会导致右脑的紊乱，使注意力无法集中，郁郁寡欢。

诉是心灵的自我化瘀法，是人的精神疗养。可惜过去人们对它的正面认识不够。当然，我们还要善于倾听，或者相互倾诉、交流、交心。

我有位从美国回来的朋友，和我说了一个她的亲身经历：因为被邻居的狗咬了一口，她非常生气。虽然打了针，但总怕有后遗症，内心郁积烦闷，发展到后来，甚至连她的工作、身体都出了问题。她只能去找心理医生，但这位医生基本上什么也没说，只是听她叙述。她每次讲邻居不好，养的狗很大很凶，医生就只说一句话，“真的不好”。她认为，心理医生的工作原来如此简单，就赶紧买了机票回国，把被狗咬的事给亲戚朋友讲了几十遍，她的心病居然也因此神奇地好了。

Q：倾诉的内容很多，喜也要诉，不分享就没有快乐。不仅个人，一个家庭、一个团队、一个国家也都有倾诉的需要。

C：张艺谋导演的2008年北京奥运会开幕式，就是中华民族力量的传达、喜悦的倾诉。我们在春晚上看到的《千手观音》舞蹈，则是在向观众无声地诉说着和谐与祥和。

现在城市居民为什么重视房屋装修，其实这是家庭品味追求的一种诉说；而所谓品牌的打造，也就是产品品质与地位的外化之诉。关键是要找好“诉”的核心所在。

Q：诉当然有很多可能，也有多种方法。

C：你可以独自面朝大海或原野，大声地呼喊，把郁结之气通通宣泄出来，也可以通过书信和电邮等向你的知心朋友倾诉，还可以借助网络与陌生的朋友诉说。

专家认为，女子的寿命普遍比男子长7年左右的原因，除了职业、生理等优势外，善于啼哭也是一个重要因素。通常人们哭泣后，情绪强度会降低40%。反之，若不哭出来，不利用眼泪把情绪压力消除掉，会影响身体健康。要知道，人在悲伤时掉出的眼泪中，蛋白质含量很高，但这种蛋白质是由于精神压抑而产生的有害物质，强忍眼泪而让它积聚于体内，等于慢性自杀，所以哭泣也是一种有效的排泄方式。

你将愁、哀等情绪说出来，还可以吸引、团结很多人，得到同情和帮助，因为对方也是有“九情九欲”的嘛。

诉也并不只有“一对一”的交谈方法，目前国内外都流行模拟对话法，深入自己的内心，与困惑的自己进行感情沟通，方便有效。具体的做法现在我就推荐给你：

（1）准备一个安静、温暖、不受打扰的房间；

（2）尽量去体会和经历你所感知的一切事物；

（3）闭上眼睛，想象与你交流感情的人就坐在你对面；

（4）告诉对方你到底要讲什么；

（5）充分表达自己的情感；

（6）把你要倾诉的全部讲完后，考虑对方会如何回答你，然后自己大声说出来。

我在事业上碰到困难时，就曾模拟过与父亲的对话。20世纪90年代中期，我们的工厂和商场管理水平低，在发展的战略定位上一度我很矛盾、纠结。当时，我很想请教父亲，但他已经生病不能指导儿子了。定位上，我一度把自己当成父亲，又把自己当成儿子。记得那次我是独自一人站在欧洲的旷野上，大声喊道："爸爸，我该怎么办？"接着，我又把自己当成爸爸，说："儿子，你要做自己喜欢的事；儿子，不要急功近利！"模拟的效果非常好，让我获得了特别的智慧。

Q：倾诉应该是心理调节中最广泛、最有效的方法之一，把愉快和不愉快都说出来，才是好心态的一个标志。

C：我一直告诉朋友：你碰到好的事情要告诉20个人以上，你碰到不好的事情也要告诉20个人以上，相信你的心情一定会因此保持健康而稳定。同时，诉说和聆听还是非常有效的沟通方式，运用得好会带来许多意想不到的收益。

Q:台湾作家蒋勋在《孤独六讲》里说:“每个人都在说,却没有人在听。”这其实是对聆听的呼吁。

C:美国学界“思想巨匠”史蒂芬·柯维博士在他的《高效能人士的七个习惯》中就说到:“移情聆听本身就是巨额的感情投资,它能够给人提供一种‘心理空气’,极具治疗作用。”

我在管理上一直非常重视员工的“心理空气”,重视这种诉说与聆听式的沟通,特别是“一对一”的沟通。近年来,每月我基本上都要安排十多位各个级别的员工来对谈,不光是谈工作,更多是聆听他们的心声,了解他们的思路和生活品位,也听他们诉说生活中碰到的困难,帮助他们解开情感上的纠结等。一个领导,一定要让下属想与他说话,说真话,说心里话,这样下属的思维才能打开。

如果说我们企业这些年人才队伍成长特别快,我想这与沟通的关系是很大的。因为在那一刻他不把你当董事长了,当成是值得倾诉的朋友。对他来说,那是一次尊重与爱的体验。

Q:《别为小事抓狂》的作者就说过:“更懂得倾听,不但可以让你变得更有耐心,也可以提升你的人际关系品质,因为人人都喜欢跟真正懂得倾听他们心声的人说话。”这应该也已融进了你的管理理念。

C:这种高质量的沟通,对方一旦感受到了,积极心态的潜能开发是不可估量的。由此,我也联想到我们中国的教育。

社会已进入网络时代,人与人面对面的沟通少了,再加上代沟,许多孩子倾诉的机会很少,甚至没有,长此以往,很容易形成心理障碍。所以，我呼吁我们的老师一定要多给孩子诉的机会与时间。

我发现，现在有些老师与学生的沟通，以一对多的方式为主，一对一的较少，这就很成问题了。人们一般不愿意在大庭广众之下说心里话，那你又怎么能聆听到孩子的心声呢？

家长也是这样，要学会与自己的孩子单独沟通，而不要当着另一方或者另一个孩子的面来谈，这样他才会把自己内心要说的东西告诉你。要善于把孩子的悄悄话挖出来，这样你才能真正了解他，帮助他成长。

这点我自己体会很深。以前我因为工作忙，总是利用全家一起吃饭的机会同女儿说说话，但大多是泛泛而谈，收效甚微。有一天，我请女儿上了一次咖啡馆，我喝着香喷喷的咖啡，她品着清新的香茗，我们很轻松地聊开来。真没想到，她对我诉说了许多我之前根本不可能了解到的她的所思所为。

因为给她创造了一个情境，让她有了被尊重和平等的感受，她才会对我敞开心扉。之后，我觉得女儿的变化很大，好像一下子成熟了许多。

Q：把倾诉与聆听作为最有效的深度沟通，对现代管理心理学可以说是一个贡献。我们不仅要学会诉，还要学会如何让对方诉，创造诉的环境。

九欲之利：多角度来看利

Q：古人羞于提“利”，于是找一个象征物“孔方兄”来代替，其实也就是古时的铜钱。现在我们说“利”，很多时候都是“利”字当头，这不免有些令人生畏,但谁又能逃脱得了呢?

C:利,就是财欲,是人对财富的需求,所谓“人为财死,鸟为食亡”。世间万事皆为利往,人生的一切努力也都难免围绕着钱财奔忙。

其实,利是一个中性的物质,也是个“百搭”。它可以是对创业业绩的肯定,可以是一种发展事业或实现目标的工具,也可以让一个人利欲熏心,失去最初的良善之心。

财对于企业家来讲,是武器,可用来打商战。钱少就用步枪,枪法准的就成了精英;钱多就用大炮甚至导弹,可以所向披靡地打规模战。关键在于如何取财,又如何理财。

利一旦完全被人的占有欲笼罩,便有违法取利、唯利是图、见利忘义等现象的发生,人性就会被利扭曲、异化。

利是炸弹。它可以为正义而用,也会摧残正义,摧毁自己。正义本是力量的化身,你要把它锻成一把钢刀,用以斩断任何违法、违规的私利。许多人对自己、对朋友、对亲人往往只讲义气,会忍受他(她)们的错误,那就失去了真正意义上的正义感,变成了畸形的正义。

Q:因此,今天我们来谈利,应该从大利、小利、利他、利己几个点来透析它才对。

C:当然,我们主要还是从人性欲望的角度来看待利,利欲与人的关系同名欲还不一样,并非人人都有那么强烈的求名欲望,但恐怕无人能不被利欲所惑。

利既然是一种欲望,人就会因此生出妒忌心理。但如果跟自己的朋友比，人家赚的比你多，人家成大老板了，你心里也没有任何感觉，那你这个人就要找找自己的“九情九欲”是出了什么问题了。因为这样的人是麻木的。

我们要修炼的是一种正确的利益观，但也不能谈利色变，因为对利益的欲望某种程度上也在刺激创业的欲望、发展的欲望。同样是追逐利益，行为不同，结果就会大不同。

我们来做这样一个假设——一个小偷与一位创业者在正负两极上的“成长”：小偷偷到了一件衣服，价值5元；创业者经销了一件衣服，赚了5元。小偷偷了一辆自行车，价值100元；创业者经销一辆自行车，赚了100元。小偷偷了一辆摩托车，价值5000元；创业者经销一辆摩托车，赚了5000元……小偷可能还会偷汽车，创业者或许会经营一家摩托车、汽车维修厂；小偷最后甚至会发展到去抢银行，而创业者已经成为企业家了，开始运作金融资本……两者奉行的似乎都是金钱导向制，为的都是利，但结局却大不同：小偷总有一天会被抓住，判刑；而企业家不仅在利益层面上成功了，还会得到法律的保护、政府的支持，更为社会做出了贡献，个人的品格、智慧也得到了修炼、升华。

Q：首先，要懂得大利与小利的关系。这将让欲望上升到理性的层面，就不会成为利欲的俘虏了。

C：所谓大利，就是要学会看大局势，把眼光放长远，而非鼠目寸光，只盯着蝇头小利。

譬如说，前些年我们红星美凯龙的竞争方为了一点儿销售利益的纷争，做了许多不正当的小动作。大家都说要回击，为了争取利益嘛。但我认为，如果用与对手同样的办法争回利益，也一定只是小利。我们要做的是，更好地发展自己。否则，无序竞争、恶性竞争、冤冤相报何时了呢？于是，我就决策避开正面冲突，把目光放得更长远，而不只在意一城一池的得失，要在全国版图上去思考问题，去做超越性的竞争，结果收获了大利。

Q：处理利的欲望恐怕是最难的，这需要人生境界的修炼，但凡古今中外的成功者，无一不是对利有自己独到的认知。

C：伟大人物的利欲观肯定是超越性的，他更在乎的是人民的利益。

刚才我们从大小的角度来看利，现在我再说一个概念，就是利他及利己。既然可以利他，那可见利本身并无好坏之分。

古人曾说："人不为己，天诛地灭。"其实，这是从人性恶的角度提出的。历史上许多事实都可以证明，真正成就大事业者，无一不是把利放在首位的。而凡是首先考虑利己的，反而都只会被更大的利益所抛弃。同时，利己的人，虽然有才、有技能，但是唯亲，不能带团队，不会成为优秀的管理者。所谓大成在胸怀，小成在德才。高层看胸怀，中层看德行，基层看才能。

大家现在都知道了，日本有位很著名的企业家，也是哲学家，叫稻盛和夫。他一生创办了两家世界500强企业——日本京瓷公司和日本KDDI公司，80多岁时还受命接管已经巨额亏损的日本航空公司，居然半年多的时间就奇迹般的扭亏为盈。他的《活法》一书在中国也已成了非常风靡的畅销书。

那稻盛和夫靠的是什么？

我看除了他“敬天爱人”的企业理念，还有一个经营哲学，就是“利他主义”。追求利益是经营事业和人类活动的原动力，因此，有追求利益的欲望无可厚非。稻盛和夫的理念是，不能让这个利益欲望局限在利己的范围，必须把对方的利益也考虑在内，以这种“大的欲望”为出发点去谋取公益。这样的利他精神，最终也会为自己带来好处，而且利益的范围还会比原先更大。

由此可见，他有如此成就，完全是他这一理念实践的结果。我现在就特别强调“利他思维”，其实就是一种“双赢思维”。譬如，你先把利益多让给顾客，那他来消费多了，你得到的口碑好了，不就是返利给了自己吗？有个“布施定律”，就是说你布施出去的任何东西，终将成倍回报到你身上。还有条“不图报原则”，是布施定律的补充：你布施的时候永远不要企望获得回报，你越不企望回报，你的回报越大。都非常有道理。

Q：当今最可怕的是利的纯粹的物化。台湾作家蒋勋说：“一个唯利是图的社会，每一个人都会在物化自己与他人的过程中成为受害者。”

C：对于利，人们不停地占有、攀比、竞争，但有得必有失。一个人得到越多，负担也就越重，对得而复失的恐惧也越强烈。所以，现代人的生活正是在利欲的纵容下变得愈来愈复杂，愈来愈艰难。问题的核心是对“占有欲”的超越。

利本身是一个冷冰冰的东西，但“利他”在其中注入了一种人性的东西，这其实还是一个价值观的问题。

星云大师也说过，最丰厚的礼物是别人喜欢的礼物；而为他人设想，最能表达我们内心的诚意。利只是一种工具，甚至只是一个符号，把它看重了，无疑就会把自己看轻了。相反，只有看轻它时，你才能称出人生的重量。

九欲之名：成败的双刃剑

Q：名是把双刃剑，看你怎么去使用它。

C：成功在于名的召唤，败也败在名的诱惑，和“成也萧何，败也萧何”的道理一样。

名是一种表现欲，又是一种炫耀欲，希望人们产生敬仰感，即想要在人群中争强好胜，显示自己的独特性、权威性，并获得他人尊重和服从的欲望。因此，名有虚荣的成分，但又是人的精神追求的寄托。很多的发明创造、很多的成功，其动力几乎都来自名的驱动。

中国自古以来就有追求功名的传统，大凡成功者，大部分以求得名誉地位为重。对某些人来说，生前能光宗耀祖，死后能流芳百世，才是人生最重要的目标。因为儒家文化讲礼仪，也就是讲面子，面子就是名。

李白不贪宫廷的高官厚禄，放浪于山水间，却留下无数豪情诗篇，当是为名；已是“茅屋为秋风所破”的杜甫，还在“语不惊人死不休”，乃是为名；就算诸葛亮，创造了许多神话般的奇功，最终“鞠躬尽瘁，死而后已”，其实也是为名。

因为名是智慧的满足，成就感的标志。

Q：宋代有一个很出名的词人叫柳永，考了数次功名未中，写词以泄内心郁闷。他的词中写道:“忍把浮名,换了浅斟低唱。”于是他就去青楼寻欢了,但他混了一阵,又开始复习并赴京赶考。这回考上了,但不幸的是,皇帝看到他的名字,又一笔将其从榜上划去,还批示:“且去浅斟低唱,何要浮名?”由此可见,其实大家都把名看得很重。

C:名是帆,实干是船,有作为一定有地位,有地位也必会有名,关键在于掌舵的自己。

纯粹为了名而去追逐名,名是来不了的。那些为抬高自己、炫耀自己而进行攀比的人,结果往往会背上沉重的负担,整个人生都处于紧张状态。有的人喜欢在饭桌上或者喝茶时通过抱怨社会、打击别人的方式来表现自己;还有人热衷于批评、评论他人而让自己得名。其实,这两种现象都是为名而扭曲所致。但是,你不求功名也不对。名需要智慧来把握。这个智慧是什么?就是追求心和平常心。名不是双刃剑吗?那我们也用二心来处置它。

Q:追求心,就是利用好名,这叫打造知名度。

C:如今商业社会,要成功能忽略名吗?酒香也怕巷子深啊!像我们红星美凯龙2000年刚进入上海市场时,谁认识你呀?做商业的,消费者不认识你,想做大做好就很难,你没有名气啊!所以,我们就在营销上下了很多功夫,打广告,把当时出入上海必经之路一条街的广告位都包了下来。在促销上,我们也做了许多创新,用以打响知名度。

现在我们名气大了,在上海已经很少有人不知道红星美凯龙了,我就开始沉下心来,多练内功,把品质、环保切实做好,开始打美誉度了。

我们的不断努力就是为了让更多的人了解,我们的这个名不是虚名。

品牌的打造历程,就是先从一条街开始,再到一个区、一个市、一个省、一个国家、几个国家,再到全球。现在许多人都想把自己的品牌一下子做到全国知名,太急功近利了。现在社会对名人、名景都很重视,可对民族名牌的重视度还不够,致使许多年轻人只崇尚洋品牌。我认为,品牌的速胜与品牌的缺失其实都是名的误区。

Q:事业如此,人生亦如此。以追求心和平常心这两心之和来解读名,是非常客观科学的。

C:为了一时的名,是虚名、浮名;今天的名叫暂名,要追求明天之名,才是基本的名、本质之名;将来的名才是长久之名、永恒的名。

有的人把名看成天上的月亮,让月光映照着自己,踏踏实实地一步步追求,但不会幻想着去把那个月亮摘下来,这就是理性对名。

18年前,南通的一位区长到常州来吃饭时讲了个故事:两个清洁工老头,一边抽着烟,一边对着一只带轮子的垃圾箱在吹牛。一个说自己年轻时一口气可推行3公里,另一个说,一只手都可以把它举起来……可见人老了,对名还是那么在乎。但可惜他们年轻时一定把名设定得太低了,或者说目标是高的,但都没有努力过,所以做了一辈子的清洁工。

现实中,有的人就是不把精力集中到奋斗的实践中来,却对名日思夜想,结果什么也没得到。平时天天想一蹴而就成功发财,这叫急功近利;如果天天想多花精力做好每件事,自然实至名归。人不应图虚名、空名,实际努力到了,名自然就来了。

人追求虚名,一旦没有得到,副作用就会很多;而为了虚名去应付周旋，又会浪费很多时间。还有人不在乎小名，总想一夜之间成大名，那是大错。大名是小名的叠加，积累了很多个小名，必成大名。

Q：解读名欲，似乎更需要运用认知的相对论，要科学理性。

《儒林外史》里“范进中举”的故事大家都很熟悉了，范进一生求功名，但始终未果，直到50多岁成了半老头子，突然中举人了，狂喜之下，竟发了疯。为什么会发疯？他对于名的迫切追求让心态失去了平衡，终究让这把双刃剑刺伤了自己。

C：星云大师说：“想成大事，要从‘平’‘淡’二字用功。凡人我之际，需看得平；功名之际，需看得淡。在等待的日子里，刻苦读书，谦卑做人，养得深根，日后才能枝叶茂盛。”

所谓“格局决定结局”，这才是把名真正作为映照自己的月亮，而不是只做空想家。

九欲之征：激情的挑战

Q：今天我们来聊一个你对“征欲”的理解。

C：“征”的本质是挑战欲，即想要在人群中争强好胜，显示自己的独特性、权威性，并获得他人尊重、支持和崇拜的欲望。

“征”应该是人身上一种积极的、勇敢的欲望，表现出来的是激情的挑战。我们不是常说人生需要挑战吗？那碰到困难就用征来战胜！

征欲强的人心态不一样:障碍再大,只要有路,他们就可以走过去;如果没有路,就开路;如果遇到山,就钻山洞;如果山太高了,那就爬过去……

"征"也可以说就是不服输的欲望。这种精神欲望会刺激我们的工作激情,或者说我们受到别人的轻视或藐视的时候,遇到他人不公平竞争的时候,具有征欲者,更能够调动自己的情感,进而超越对手。背水一战,认为自己一定能胜,就有3倍的能量。

Q:勇于挑战的人,情商肯定高。勇气在一定程度上大于信心。

C:对,人的自信与不自信,对潜能开发的影响至少有3倍之差;勇敢不勇敢,又是3倍之差,这个"征欲"上升时分泌的肾上腺激素等于6倍的能量啊!

征是一种释放,会让人大脑敏捷,在险中看到有利点,就能对冲、抵消哀、忧、悲、恐这些"负情";同时,征还可以转换成憎与怒,把憎与怒引导到正确的前进道路上,而挑战的过程,又消化了憎与怒的副作用。创造了成就,便不再在乎和计较个人情绪的得失。

征欲里面可能还有一个权欲,我觉得这没什么不好。当然,这要往正向的方向去理解,我的意思是,就和"不想当将军的士兵,就不是一个好士兵"这种上进心理一样。其实没有权欲的人,他的领导力必然缺失,是当不好一个管理者的。

Q:征欲是你延伸发现得来的,很值得研究。对能力的开发,以前我们总认为主要靠名利驱动,但这个征欲可能更催发人的斗志。

C：征还来自好胜心，这非常重要。假如说我们没有好胜心，那肯定不行。你是不是想做得优秀？想优秀，就必须胜过别人，必须征服对手，特别是在竞争激烈的时代。

当然，对手也不一定就是人，可能是物，可能是大自然。

征先把精神打造起来，精神打造起来以后，灵魂就能打造。人赢就赢在精神上。大家都是血肉之躯，怎么才能把血肉之躯打造成精神之躯？靠的就是征欲这个助推器。

所以，平时不看伟人传记，不崇拜英雄，人生就缺乏斗志和勇气，就不能把血肉之躯打造成精神之躯。平时不崇拜英雄，碰到困难就会像狗熊。经常读英雄传记、看战争片，崇拜三位真心喜爱的英雄，有匠心创新精神，不断做业绩，永争第一，有虎狼精神，才可能把团队打造成胜利之师！

Q：士兵的勇敢，更多就是靠征欲的培养。所谓“狭路相逢勇者胜”，就是征的驱动。这对小孩子勇敢、坚强性格的塑造，非常有作用。

C：特别是想要提升孩子的竞争力时，他的起步可能就是征服每一道难题或与同学进行竞争的意识。

我儿子有时不怎么喜欢走人行道，喜欢走斜坡，不怕危险，这好像是像我。我小时候不会游泳就敢往河里跳，差点淹死，被人救上岸。12岁时去河边抓河蟹，也不管三七二十一就把手塞进蟹洞，结果拉出来一条蛇。虽然我很怕蛇，但下一次还是会把手塞进蟹洞……我到现在还喜欢走马路与人行道之间10厘米的路牙；晚上加班到12点回家，从车库上楼，我不走楼梯，喜欢走拉行李箱的斜坡。其实归结原因，还是骨子里征欲的血液在流动。

当然这个征，要踏实地建立在一点一滴上，如果什么都没准备，怎么征服人家？

刘翔当年百米跨栏破了世界纪录，征服众多的选手，可以说每一秒的成绩都是来自对点数的精确把握。工作也是如此。你的技巧、速度如何？做同样的事情你是不是比别人做得好？最起码做同样的事要比别人强。

征是没有底的，它本质是挑战自我的过程。人身上都有许多弱点与缺点，所以最重要的不是征服对手，而是“自我征服”。就像有位哲学家讲过的，征服“不是拳击，是跳高”。

我很喜欢读兵书，在此我建议大家也读一点儿兵书。因为兵书可以提升一个人的激情、挑战欲和战斗力。我建议女孩子也应该读点兵书，因为我发现打牌时，女性对输赢的结果并不十分上心，因为好胜心不强，她们比男性更注重的是过程。

人生没有永久的平静，人生没有结果只有过程，征才是人生真正的旅途，那就在这激情的挑战中体验与享受吧！

下　篇

父亲母亲：我成长和成才的根

——怀念父亲，兼说父母对我创业之路的影响

2002年的岁末，与病魔顽强斗争了整整13年的我的父亲车炳大离我而去了。父亲走得很平静、安详，像熟睡了一般。也许他清楚，膝下的五个子女都已长大，都成了中国优秀民营企业的经理人；也许他知道，他始终深切关注的红星集团正在快速地发展壮大，一个月前，红星的第十二家连锁家居茂（Mall）已经成功地开进了首都北京；也许……也许他是带着这样一种宽慰离去的。但此刻，心痛欲碎的我还是要说：父亲，您走得太早、太早了！您应该再好好看看，看您的后辈创造更多的事业辉煌。您晚走5年也好，那就能亲眼看到2008年红星愿景的实现——建成40家连锁家居茂，成为国际化的企业集团……不过，此刻我又强烈地感觉到，这一切，您的在天之灵一定都会知道。因为我相信，人与人之间是有特殊感应的，不管他是活着还是已离世。既然您已经把勤奋务实的基因深深地种植在我们身上，那您也一定会感受到开花结果的告慰。

在父亲的灵前，我想起了15年前便离开了我们的母亲。我母亲叫

蒋龙英,和父亲一样,在常人眼里是个普通得不能再普通的农民。但在我的眼中,父母的形象是那么高大,那么不平凡。古人有句话叫“家学渊源”。我的父母虽然没有什么文化,更谈不上有高深的学问,但他们身上最本质的勤劳、俭朴、正直和特有的情商,不仅无时无刻不在影响着我的创业之路,更影响着我的整个人生。我今天之所以有点小的成就,渊源当然就在父母那里,所以我要发自内心地说,父亲母亲是我成长、成才的根!

勤劳:创业者的立身之本

凡古今中外的创业者,可以说无一不是以勤劳为立身之本,这方面,父亲堪当勤劳的楷模。

我从母亲和乡邻的口中得知,父亲16岁就到金坛的建筑工地做学徒,开始自食其力,20岁即成为工程项目的负责人,从此几十年如一日风里来雨里去。在我童年的记忆里,父亲永远是天不亮就起床,一直要到我们都入睡了才回家,也不管是寒冬还是酷暑。我心目中的父亲就始终是做、做、做、做、做……直到他患病躺下。于是我才明白,我从20岁创业之初能没日没夜地干活,往往夜里做到12点,早晨6点就起来了,有时连楼梯都走不动,几乎是躺着移下来,却仍从不懈怠,这种吃苦劲正来自勤劳的父亲的影响。此刻,我又想起了母亲的两句话,“西北风也要到大门口去吃”和“算计不好一世穷”。这同样是教我要勤劳。

天上是掉不下馅饼来的,我之所以现在每天发疯似的投入工作、思考、研究战略,每天像海绵吸水一样拼命地吸收知识与信息,每天工作十五六个小时都不觉得累,都是因为父亲,是他的勤劳给“种瓜得瓜,种豆得豆”的道理作了最好的注解。

俭朴:人一生最难得的品格

假如要把“俭朴”这两个字拆开来理解,那可以说是节俭和朴实,这正是人一生最难得的品格。父亲母亲如此教育我们,他们一辈子更是这样做的。

父亲很早就是工程项目负责人,盖了很多房子,自然也有了一点儿积蓄,但他个人的生活非常节俭。一次,我听亲戚们议论:“别人家还会没活做,你老子总有活干的。”回家我跟父亲说了,不料被父亲痛斥一顿:“谁能保证一辈子都有活干? 这样你们就可以大手大脚了吗? 有活干,也要靠争取的。”我被骂得无言以对,当时觉得很委屈。但我创业以后便深深体会到,父亲正是以一种危机意识来逼我保持俭朴的本色,同时他的话也包含了很深的奋斗意识。还有一回,我跟着父亲在工地上干活。那天收工早,几个小伙伴约我一同去看电影,我去向父亲要钱,父亲只给了我两角钱。我只好请小伙伴每人吃了一根棒冰,电影票还是他们请的客。我觉得很没面子,心里一直不高兴。

母亲也是如此。记得1987年的时候,我已赚得近两万元的资产,这时母亲已身患癌症。那天,我买了一些菜专程赶到乡下去看她,母亲当时还在田里撒麦种。本来她看见我来蛮高兴的,可一瞧见菜篮子里的豆腐多了一点儿,马上责问道:“你是买了四角钱的吧,太浪费了,买两角钱的就足够了,你真不会‘做人家’!”(‘做人家’系常州方言,意为节约)我被母亲说得脸上红一阵白一阵的,心想不就是两角钱吗! 但后来,我越来越懂得,父母从不追求享受,更谈不上奢侈,是要我们从小就养成“一分钱掰成两半花”的节俭观！

正因为如此，在我创业的历程中，我总是本着俭朴的原则，尤其是个人生活上，从不浪费奢华。记得18岁在西安做工时，中午吃饭我总是待在大哥旁边，等他有可能余下半个馒头给我吃，而舍不得自己再花钱去买一个。还有一回，晚上我上街花两毛钱吃了一大碗刀削面，似乎还没有吃饱。摸着口袋里剩下的两元整票，我犹豫了一会儿，还是舍不得把两元钱破开来再多吃一碗。即便如今，我拥有了较多的资产，还是努力保持本色，有时为了赶着办事，总是一碗方便面或一盒快餐对付了事。其实，这不是单纯金钱的问题，它关系到你的人生态度、生活态度。我想，只有朴实的人才会真正懂得节俭。

正直做人与先付出：我的传家宝

现在想来，父母留给我们最大的财富应该是“正直做人”与“先付出”，这也是我们兄妹五人能走到今天这一步的传家宝。

父母一生俭朴，但对有困难或需要帮助的乡邻亲友总是解囊相助，平时全家喝粥，偶尔有了碗鱼肉总是一放再放，等客人上门才端出来。我记忆里印象最深的是连续有七八年，每年大年初一都会有叫花子上我们家讨吃的，父亲总是硬要把他拖上桌吃饭。当时我们都非常不解，甚至还很生气，心想新年头，弄个叫花子坐在一起干吗！但如今，我们都彻底懂了，父亲是以这样的行动教育我们懂得尊重人，不歧视人；懂得人格的平等，富有同情心；更重要的是，通过“对别人好”，培养我们“先付出”的精神。

今天我要说，红星的事业能发展壮大，就是靠了“先付出”的传家宝。有位哲人说:“诗人首先要有同情心。”我认为,一个真正的人又何尝不是如此。因为同情心里包含着正直、善良、平等、爱心……许许多多的闪光点啊！所以,我也才能从创业起至今,始终平等待人,对每一位劳动者都心存感激。在我的眼里,不管他是运输工,还是清洁工,或是澡堂里搓背的,我都会对他由衷地道一声“谢谢”。

还有一件事,直至此刻仍让我记忆犹新。那时我17岁,刚开始学木工,很想做一把称手的刨子,却一时找不到合适的木料,于是我就悄悄地去砍了村上人的一棵树,结果刨子还未来得及做,就被父亲发现了。父亲十分生气,喝令我立即给人家送回去。一路上,我一边流着泪,一边想着父亲的训斥,再看看抱在手里那根直直的树干,开始理解“正直”这两个字的内涵。如今我对“正直”的理解更深了,它是中西方文化共同认同的人类最优秀的品质之一,也是优秀管理者必备的素质。我永远怀念父亲的那顿训斥和那棵已成为正直教育象征的树。没有它,如今我不可能拥有购买一大片森林的能力。常言道,“严师出高徒”,我的父亲可谓是严父了。正是因为这个“严”字,正直做人贯穿了我的一生。

父母特有的智慧:赐我高质量的情商

父母文化程度不高,不可能教给我过多知识,但我深深感到他们以特有的智慧,赐予我高质量的情商。

父亲平时话不多,对我的学习似乎关心很少。但有一次,我到同学家拿了本《十万个为什么》回来随便翻看,父亲看见后立即对我说:“你将来一定比我有出息。”受到激励后的我当夜就一口气把这本书看完了。很快,一礼拜内我把全套书统统借来看完了,之后我就经常去借书看,也由此养成了爱读书的习惯。

还有就是我1986年想独自创业时，把想法给父亲说了，父亲只是淡淡地讲了一句："你已经长大了，想做的事情自己做主，创业要靠自己。"可他那充满信任的激励的眼神给了我莫大的动力。1985年正式创业前，我用父亲的资金打了一些碗柜和板凳，从金坛运到常州花园的市场去卖，结果亏了两百多元。父亲知道后，非但没有责怪我，反而鼓励我说："亏了就亏了，只要多想想。"激励的力量的确是无穷的，我和我的事业在父亲的激励下成长壮大，我也从父亲的话里学会了不断地总结与反思，更把激励作为企业管理的重要方法之一。

当然，激励的同时，父亲还教会了我思考和请教。记得16岁那年，我跟父亲去工地干活，头一回泡石灰，因为不得要领让石灰浆都灌到雨鞋里去了，双脚又烫又疼，晚上回家皮都撕了下来。我偷偷地哭了，刚好给父亲看见。父亲严肃地说："16岁的男子汉了，哭什么，不会又不请教别人！"我马上止住哭，因为我知道了"请教"二字。在后来的工作中，我经常借用外脑、请教专家，这都源自父亲的启迪！

再譬如说巧干。我一直说，我成功没什么特别的秘诀，就是勤劳与诚实，实干加巧干，这个巧干就受益于母亲。记得当年我们家分的田比较偏远，但我父母不争不抢，非常大度，尤其是母亲，每天总是乐呵呵地去田里干活。她有个特点，就是每一趟去田里总不让担子空着，去时将猪灰带去做肥料，回来时正好担回田里的庄稼或土块。她有一句名言："算计不好一世穷。"这可以说是我创业之路上的照明灯。这个"算计"就是巧干。所谓巧干，就是要动脑子，运用智慧来研究战略、赢得成功。

父亲看似木讷，其实也是个非常善于巧干和创新的人。他的一项创新，让许多本来盖不起房子的人能够盖房子，也让母亲这辈子有了一件常挂在嘴上的得意事。那就是父亲在盖房时将原来内山墙的木质结构,大胆改用水泥结构,这样一来,至少节省一半以上的建筑成本。我后来在工作中总喜欢动点儿小脑筋,来点儿创新和发明,这恐怕正是父亲创新基因的遗传吧。

我的父母虽然只有实在的行动、质朴的言语,但我始终感觉他们有一种特有的大智慧,正所谓“大智若愚”。如果说社会的学习开发了我的智商的话,那么我的情商完全是在与父母的相处中,潜移默化地被开发的。

纸短情长。三十几年来,父母对我的影响实在太多、太深了,他们不仅给了我生命,他们的言行更让我受益终身。父亲那句“不能为了生活而干活,干活就是生活”,使我懂得了什么是生活,什么是事业,从而让我自创业之初就把事业当作自己整个的生活。如果说以前我对自己不知疲倦的原动力来自何处感到疑惑的话,那么如今方知,乃出于父母勤劳的示范!比照起来,我连一半都还没有做到,今后将加倍努力才是。

此时此刻,我要说的是:父亲母亲,你们是普通的农民,普通的泥瓦工,平凡的人,平凡的父母,但你们更是伟大的教育家。你们还是第一代的创业者,正是你们的创业精神——勤劳、俭朴、正直、先拙,让我们第二代实践出了业绩——当我们这些枝叶正在蓬勃生长的时候,我们永远都在吸取着根的养分——父亲母亲,我永远的根!

车建新

四种创新发明方法论

2017年，在红星美凯龙的“鲁班文化节”上，我提出了“只有匠心，才有创新”的理念，因为“鲁班精神”的内涵就是一个民族的品质标杆与创新动力。

何谓匠心？一是用心，二是细心，三是一丝不苟，四是精雕细琢，五是精益求精，六是追求完美，七是追求极致。匠心与创新是因果关系，匠心是创新的“因”，创新是匠心的“果”。创新的本质就是匠心不断升华、智慧不断萌生的结晶；也只有在匠心的基础上，才能达到有品质有价值的创新。

创新发明，其实也并不是多难的一件事，只要你掌握了创新发明的方法。我总结出四种创新发明方法论，在此与读者分享。

（1）组合型创新发明：首先要找事物的基因。先假定“3”个基因吧（第一层解剖）；再从每个基因中找出“3”个微因（第二层解剖）；继续从每个微因中找出“3”个纳因（第三层解剖）。然后，不断让两个相关事物的基因、微因、纳因交叉组合、碰撞尝试，变成新事物——这是运用了剖析思维和求本思维、即时分析与预演分析。分析了才能形成有场景的立体记忆，不仅当时易于记忆、储存和搜索，而且事后容易储存。平面化的记忆不但不容易记住，更难以搜索大脑库里的素材。如果相关事物的组合还不能满足创新的需要，那就要运用求异思维，让各种不相关的事物来不断碰撞尝试、交叉组合，直至创新发明。

(2) 推理型创新发明：从事物的三到六个因(剖面)中去推理果。当年爱迪生发明电灯，我分析他的原因：第一个因(剖面)一定是先看到雷电产生光亮；第二个因是看到火线、地线连接会碰出火花，同时还听到“嗞嗞”的声音；第三个因他是电力专家，希望找到能够把光亮固定下来的物质，给世界带来光明。于是，他先找到贵重的金子，不行，又找银、木头、布、稻草，又不导电，再找钢、铁……终于，他在排除了两万多种物质后，找到了钨丝。

我再猜牛顿，他发明“万有引力定律”，也可以说不难。应该是有一天他躺在苹果树下看书，苹果树又比较矮，一只苹果从树上掉下来恰好砸到他头上，我猜就因为砸疼了他，估计还被砸了个包——于是这只苹果就成了他的推理之源：第一个因(剖面)，他是研究物理的专家，也是研究宇宙的专家；第二个因，他已知地球和其他行星都是圆的，都是因为公转、自转而成了圆形的球体；第三个因，地球和金木水火土等所有星球都悬在太空中，而太空是没有重力的；第四个因，如土星五、土星六……围着土星转一样，是土星的引力。地球围着太阳转是太阳的引力，那月亮围着地球转就是地球的吸力。于是他分析出结果：为什么苹果不跑上天空，也不往两边斜行，而是垂直下来砸了我的头呢？同样是地球的“引力”，由此推理，他就发现了“万有引力”。

再看原子弹的发明，主要是因为铀235、钚239和铀233三种物质的核裂变，释放出巨大的能量。铀和钚是世界上最少的矿石，我猜想发明者可能就在因中的第五层找到了它。

(3) 演绎型创新发明：这是发散思维的神效，通过演绎、假想、模拟，发明出新事物。我想象，当乔布斯看到PPT具有可一张张移动的功能时，就以这个点召集所有的研究员进行假想与演绎，终于开发出了触摸屏的苹果手机。可以这样理解：先是由一个点A(触摸屏)，假想演绎出第二个点B(程序)，再到第三个点C(小程序)，当然还有D、E、F……更多的演绎点来形成面。这种方法对于现在80后、90后、00后的年轻人来说，更应弘扬，因为他们从小是看彩电，看3D、4D动画长大的，还擅玩电游，演绎、假想、模拟的能力肯定比40后、50后、60后要强许多倍。

(4) 整合型创新发明：也就是前面三种创新发明的组合，是方法的组合，同时应用，同时进行，并通过或组合＋推理，或组合＋演绎，或推理＋演绎、或组合＋推理＋演绎的整合互动，形成一种系统的创新发明。

四种创新发明方法论，都是先有数据的分析和“因”的剖析，加上日常积累的经验，再通过直觉与感悟而发明创新成果的。

车建新

精神生命是人的第二种生命

——兼谈人有“五种生命”

人有“五种生命”。我要阐释：生命的意义取决于精神生命的系数，精神生命是人的第二种生命。大部分人把肉体长寿当作生命的标准，这是对生命的误读。因为生命不光是身体，没有思维、没有意识、没有智慧，就没有生命。

前些年，我看到中央电视台的一则新闻，有位104岁的老太太学识字，因为她到街上去，上厕所不分男女，只好在外面看到有人进出才能识别——这个老太太虽然活到一百多岁了，但活的只是肉体生命。其实像老太太这样的人现实生活里有很多，没有知识、没有文化、没有体验、没有精神价值，就没有真正的生命！

由此，我又想到我的母亲和妹妹的寄娘。寄娘是一位很平常的农村妇女，朴实善良，是个好人。前几年她过世，奔丧那天我有重要的事没能去，但内心对其一生却进行了一番回忆与思索：她与母亲同岁，母亲比她早离世26年，可寄娘一辈子除了善良什么都没留下。而母亲作为车氏家族第一代创业者的主角，虽然48岁就因劳累过度过早地离开了我们，但她朴素而又智慧的思维方式，像“吃西北风也要到门口去吃”“算计不好一世穷”等，留给我们后人勤劳、正直、俭朴的“精神传家宝”，那谁的生命更长？而且这个生命分明至今仍在我身上延续，并成为我精神生命的一部分。

有一段时间，我请了一位叫小罗的盲人按摩师，不外出时就让他每天来家里给我睡前按摩一个小时。与他有了许多时间的相处，我就开始观察他，感触颇深。我在灯光下享受按摩的时候，盲人的世界却是一片漆黑。盲人有生命，但没有了视觉生命；聋哑人有生命，但没有听觉生命。一个人如果没有精神世界，也就只有肉体生命。但给我按摩的这位盲人很勤劳，也很会动脑，有智慧。对一般的盲人来说，世界是黑的，但小罗认为上海的高楼全是彩色的，而且五彩缤纷，比童话还要美。可见，有精神世界的盲人，就可以体验到世界的缤纷色彩。

每个人，其实都具有五种生命形态。

第一是时间生命，就是我们通常说的年龄。一个人从母亲怀孕、出生到去世，他的肉体生命也自然消亡了。但如果把人类历史的长河比作100公里，活100岁就相当于1厘米。那么，活90岁和120岁，在历史的长河中，只相当于0.9厘米和1.2厘米，区别并不大。星云大师也讲过很有同感的话：“时间是上天给我的礼物，时间没有长短，心念一动，可以上天入地。”过分焦虑地计较时间的长短并没有真实的意义。

虽然人人都应该追求长寿，可放在历史的坐标里，长一点儿、短一点儿不是关键。而如果在这个世界上什么痕迹都没留下，自己对世界的感知也很少，或者有一定的知识，但没有锻炼成智慧，没有感受过大一点儿的成就感，犹如植物，风吹雨打都是被动接受，那这种生命就是麻木的，最多只能说是寿命。

第二是质量生命。生命有质量的高低，高低程度有赖于个人去创造。普通人的质量生命往往只是围绕个体的活法，像一个人到世界来旅游一趟那样，看了、吃了、玩了、乐了，到达目的地后，也就满足了，满意了，舒适了。其实，那只是物质意义上解决了衣食住行，自己感受幸福无忧，其实仅是这个世界的观光客。

高素质的质量生命，则会通过努力，住上好的房子，让孩子读好的学校，有美满的家庭和甜蜜的爱情，还有多个知心朋友，拥有高品位、高情感的生活。坚持锻炼、善于养生，身体健康、没有病痛，这样的生命就是高质量的。反之，那种孤苦伶仃、一家三地分居、数十年病痛交加，就等于是“负生命”了。

第三是精神生命，由智慧、成就感和德行三部分构成。

智慧是人的意识、思维、记忆和思考，智慧越大，生命越长，直至无限。智慧，就是人通过学习知识、通过舞台的实践，锻炼出能力。然后再学习、再实践，培养出更大的能力……如此循环上升，最后就积淀成智慧。有了智慧，才能了解世界、认识世界，才能体验人的酸甜苦辣、“九情九欲”，才能用智慧的方式来体验生活、体验人生。智慧还能使人洞悉五千年的过去，预判五千年的未来，让生命更立体、更丰满！

成就感是人的引擎。要获得成就感，第一步是制造人的自信，第二步是制造热爱，第三步是制造热情，第四步是制造激情，第五步是制造感觉，第六步是制造感悟。先做出小业绩、小贡献，再做出中业绩、大业绩……自信、热爱、热情、激情、感觉、感悟和成就感，一次次地不断循环，你就会拥有更大的舞台，你就会更热爱事业，享受到事业中的快感心流和成功喜悦，体验到荣耀与激情。更大的成就感会给你更大的气场，让你萌生更大的智慧。工作实践的过程就是锻炼智慧的过程，而这过程一定会使我们的生命延长。

德行的核心是儒家文化的“孝悌忠义”“仁礼智信”和善良、恭敬、简朴、宽容等美德，就是我们在为人处世、与人打交道中，是先付出还是先索取，是以自我为中心还是懂得关心他人。幸福的最高境界应该是“三乐”——知足常乐、自得其乐、助人为乐。我们可以通过创造就业、创造税收、创新发明等为社会做出贡献，以对社会的贡献来立社会的大德。

第四是信仰生命。一个人有两件事自己永远无法预知：不知道自己什么时候生，也不知道自己什么时候死。因为人永远无法在活着的时候体验死亡，此生不知前生，更不知后生。既无法证实，也无法证伪。因此，一个人如果信仰能转世投胎，他就能转世投胎，因为转世的意念已经扎根在他的记忆中，他在想象中已经提前体验到永恒的生死轮回；同样，一个人如果坚信自己能活 120 岁，他就能活 120 岁，因为谁都不知道自己什么时候离开这个世界，这是一个无法验证的意念。

所以说，我们信仰能转世投胎就能转世！我们坚信能活到 120 岁就能活到 120 岁！同时，在自己把现时生命寄托于永恒的轮回中时，还会萌生慈悲、正义、善良等意念。

人需要有信仰生命，有信仰就有寄托与追求。现在我们的大信仰是中华民族的伟大复兴，而我个人的信仰就是打造中华民族的世界商业品牌。

第五是继承生命。这可以从两个层面来说：一为肉体意义上的上下代血缘继承，通过细胞基因传承，也就是通俗说的传宗接代。人类就是通过繁衍后代，让生命如大河奔腾不息，让生命如火炬薪火相传。人的基因在遗传中得以保存，人类的血脉在绵延中得以再生。二为精神的传承,生命的过程必然会升华出一种精神,比如一个家族所沉淀下来的家风家训,都能通过族人的继承和发扬代代相传,并可以成为家族荣耀的再生。我们创造的物质财富可以惠及后代,我们创造的精神财富可以启迪后人。像我父母给我们留下的智慧和美德,让我成了精神上的“富二代”。

人是智慧的动物、希望的动物、意念的动物,为此我要特别强调人的第二种生命,因为精神生命才是人真正的生命。

精神生命会让你每年如新生,让你把一年当作一辈子来活。每个人都会争取活得时间更久,但却很少去争取当天体验更多,更有感觉,更少在当天去用智慧体验生命的。其实,在日常生活中,注重或者说把精神充分开发了的人,自身生命的价值和宽度系数肯定不同。

一天,一位企业家和一位渔夫同时在河边钓鱼。半天过去了,渔夫很焦虑,不停地拉动钓竿,他还没钓到几条。企业家呢,却很悠然,虽然也钓得不多,但非常耐心。因为渔夫钓鱼为的是生存,纯粹为了一天的生计,这是肉体生命的一天。但企业家为的是修炼内心,为了让自己专注,为了让自己宁静致远,只不过借助钓鱼的过程,而这个过程产生的正是享受心灵体验的价值,是生命的一天,更是精神生命的一年。

我的父亲原本是一位聪明勤奋的瓦匠,不仅有过好多小发明,还懂项目管理,可他因第二次脑出血中风,大脑被堵塞了,虽然还会笑,也能吃东西,也能上卫生间,从表面上看与常人没有区别,可突然有一次我发现他不认识我了。我坐在他面前,默默地看着他,他也满面笑容地望着我,我问他我是谁,他摇摇头,竟然连自己的儿子都不认识了,后来几个月就去世了。当时他的生命还存在,可只能说存在的是肉体生命,他的精神生命已经很残酷地终止了。那么,没有智慧地存活着,生命意义又何在呢？终于有一天我明白了，父亲在临终前恰恰给了我一份最大的遗产，就是我开始对精神生命进行思考与探寻，并探索出“精神生命是人的第二种生命”。

时间生命是人生的长度，精神生命是人生的宽度，人生宽度的差异很大，有人是100，有人只有2，还有人甚至是负数。

广义生命＝长（时间生命）×宽（精神生命系数）。譬如，有人活到100岁，精神生命系数是100，100×100＝10000岁，那他就是“万岁”！因此，称皇帝“万岁”并不只是美好的祝愿，他拥有全天下的财富、至高无上的权力、佳丽三千，精神生命系数完全可以达到200。那么，只要他活过50岁，50×200＝10000岁，他就是名副其实的“万岁”了。电视剧《如懿传》里有个情节让我很感慨，乾隆皇帝带着如懿微服私访，在大地上策马飞奔，一路高山河流的壮丽景色，更衬托了他内心“天下江山是我的”的成就感，精神生命系数自然倍增。

乔布斯虽然只活了56岁，但他富于传奇、充满创造力的人生，宽度应该达到120以上，56×120（精神生命系数）＝6720岁，他的广义生命接近7000岁；钱学森一生成就卓著，为中国的航天事业、为中华民族的强盛做出了巨大贡献，其人生精神生命系数可能高达150，98×150＝14700岁，他的广义生命已经超过“万岁”；任正非，我们还不能下定论，但他的成就将不逊于乔布斯，精神宽度系数不低于120，假设他活到100岁，100×120＝12000岁，他的广义生命就达到12000岁了。

许许多多的思想家、政治家、哲学家、科学家、艺术家和企业家都是广义生命的极好典范。古人有立德、立功、立言之说，本质上正是精神生命的体现，这种存在和传承的价值，就是人生的丰富与升华，也就是生命的永在。我常说：学习给了我新生命。这个新生命是什么？正是富于智慧和成就感的精神生命。

生命是一场创意之旅，我们的双手、我们的眼睛、我们的精神，创造出我们的世界。心有多美，世界就有多美。

车建新

三万个车建新

前不久，有记者采访我，最后问道：红星美凯龙四大板块业务都发展得优质、迅猛，究竟有何秘诀？

我当时几乎脱口而出：那因为我们有很多车建新啊！

晚上我躺在床上，又想起电视剧《西游记》，孙悟空只要拔一根毫毛，吹口气，就可以变出一个孙悟空来，渐渐变出无数个孙悟空……我真想自己有孙悟空的本领，能把我们的三万名红星人都变成车建新，那红星美凯龙将会何等强大！

有一大批车建新，就能打造出优秀的职业经理人团队。从职业经理人、职业创业者，再到职业企业家，个人与企业共同成长发展的过程，也就是从优秀走向卓越的通途——况且，中国未来四十年，必是职业经理人的天下。

改革开放的初期，许多有识之士本着改变自身命运的强烈愿望创办企业、投身商海，不屈不挠地创造出惊人的业绩。他们是创始人，也成了一代企业家。而到激荡四十年的今天，时代在更快地发展，他们的境界也在不断升华，他们的事业需要再创辉煌，他们渴望有更多优秀的人才来职业创业，成为优秀的职业经理人，互补互帮，共创共赢。

为什么要职业创业

首先，当下的中国不缺老板，更不缺员工，缺的是有创业精神的职业经理人。一家优秀的企业，是员工事业的平台，是职业创业成功的舞台，是个人品牌成长的平台。我以致力打造职业创业的平台为己任。对于有志向有远见的职业创业者，这“三台合一”就是站在巨人的肩膀上，会让他们彻底摒弃“打工心态”，完全以实现自我价值的姿态投身进来，为自己而干，职业创业。从职业经理人做起，其实就为人生选好了一个最佳的出发点。

可惜社会上的各种舆论对年轻人尤其是大学生自主创业的过分渲染，也会让一些优秀的年轻人走入误区。他们认为：自己做老板就是创业，自己做了老板才是为自己而干——这会极大地耽误他们的创业时间，贻害他们原本可能及早获得的成功。

职业经理人随着技能的提升、创造业绩的增长、对企业的贡献和对社会的贡献的增大，会不断迈向中级、中高级（核心技术层）和高级层次。当然，基础是职业创业，就是把企业的事当成自己的事，就是为自己而干。职业创业才是创业成功的“捷径”。

与创始人有着共同的理想和情怀，把自己的喜怒哀乐甚至生命都与企业维系在一起的职业经理人，最终会成为优秀的职业经理人、职业企业家。纵观古今中外，职业创业的成功案例早就构成了一条生生不息的长河，给当下的年轻人启示多多。

在我国古代，王朝都是世袭制，那怎么还会出现无数的名臣良将？从秦朝的李斯，到唐代的魏征；从初汉的萧何、韩信，到三国的诸葛亮；还有北宋一门杨家将、南宋的岳飞以及明朝的航海家、外交家郑和……其实都无一不是早期的职业创业者，虽说封建时代“一朝天子一朝臣”，可历史从未淹没过他们的光芒。

在西方，我们所熟悉的通用的杰克·韦尔奇和福特的艾柯卡，都是职业经理人，但他们创造的业绩为世界认同，成为职业企业家的典范。再如乔布斯当年被迫离开苹果公司，但他始终没有放弃，以自己的生命作创新的拼搏，最后又回来重创苹果的辉煌。

职业创业历程中的体验是一种宝贵的财富。我说过，人有物质幸福、情感幸福和精神幸福这三种幸福，恰恰都只能通过职业创业的舞台来获得。有的人以为有了情感就不需要物质，殊不知没有高审美物质的情感是没有品位和情趣的，人的情感离不开具有美的情景和意境的客观环境条件，当然缺乏精神生活的情感也是低级的。人必须拥有成就感、智慧、体验和德行，才能拥有精神生命。这又同职业创业紧密相连。没有职业创业，就享受不了成就感，提升不了智慧，更获取不了精神财富，因为物质、情感、精神这三者的基础，在职业创业的平台上，是相互支撑、相互拔高的。

人生命的意义和生命的价值是什么？过去老人家常讲，人到世上来是来见世面的。我说，一是了解世界、认识世界，二是体验人生。而职业创业能通过实践积累的智慧去感悟，去认识世界、了解世界；更能体验到人生丰富的酸甜苦辣、“九情九欲”就像吃过很多苦，再品味幸福的甜蜜就有百倍的效应，有了成就感与智慧，人生的体验才会有迥然不同的深度和宽度。

成就感与智慧是我们追求的价值观，人一定要为价值观而活，价值观要与时俱进。

我认为，人不管处在什么阶层，不再学习，不再进步，不再升级，不再追求诗与远方，就是苟且。何为苟且？就是机械地生活和工作，不想努力拼搏，一辈子只想吃喝玩乐。一个人一旦停止了思考，那他的所有行为其实也停止了。

职业经理人的大好前程

为自己而干的职业创业收获，是可以细化和量化的。创业有两种：一种是自己办企业创业，另一种是利用自己的技能在公司的平台上职业创业。对于自我快速成功这个“性价比”的账，一算就很清楚，因为平台基础技能所有的成本都是公司承担的。

首先，你在公司就可以现成地拜师学艺，公司多少年积累的管理和技术的经验，都可以让你无偿地使用。于是你成长了，岗位提升了，薪资提高了。假设你成了管理3000名员工、年利润6个亿的职业经理人，比起你自己办企业，管30名员工，年利润100万，事业差别很大，而风险系数则又小许多，更重要的是你创造的税收、就业等社会贡献的价值不可同日而语，由此带来的巨大的成就感，自然还赋予了你人生荣耀的附加值。这样，你的个人品牌打造也会与时俱进，社会将更多关注到你，社会将助你投向一片更广阔的蓝海……

想一想，你是否在“为自己而干”？况且学习技能、实验实践、借品牌背书的成本和失败的成本几乎为零。自己创业由于技能不多，别人不肯教，偷学又很难，大学生粗浅地实习1～2年就直接创业，失败率会达到97%。当然，假如你是有特殊技能的研究员或者院士，带了技能创业，成功率会比较高。但你职业创业，是在与成功的企业合作，在为成功者做事的同时，成功的团队也在为你服务——无疑，这才是“大赢家式”的明智之选。

当下许多职业创业成功的案例已充分证明了这一点：从联想的杨元庆、万科的郁亮，到阿里巴巴的张勇、王坚、彭蕾，他们也许都没想到自己当时选择的倍增效应：彭蕾跟随马云创业时，月薪才500元，如今身价400亿；郁亮早期不过是《万科周刊》的主编，现在接替了王石；升级“天猫”、创造了“双十一”的张勇也许更在意料之外，从财务起步，却以超越自我的业绩价值打破马云的用人定律，阿里也回馈了他董事长的职位。

再说董明珠，早年只是格力一名普通的销售员，可她不仅拼命工作，更恪守公司的制度。当时，她规定买空调不许开后门，就连自己的亲哥也不破例，终于从销售经理成为“让世界爱上中国制造”的格力董事长……他们的经历各有不同，但有一点可以肯定，所有职业创业者对“三个平台”的认知是一致的，他们都是以独创的业绩和独特的人格魅力在“为自己而干”，同时他们也都拥有了股份，并最终成了职业企业家和合伙人（股东）。

当然，也有人对职业创业就持股存在误读，其实职业创业是没有股份的，只有高薪金、高奖励、高职位，但到了你为公司创造的贡献特别巨大，你的薪金高到公司付不起，公司又离不开你，必须团结你的时候，才会开始配少量的股份，然后逐步增加，或设立新业务板块让你成为合伙人（股东）。

什么是企业家精神？初始是为自己而干，然后从小我到中我（家庭、公司），最后发展成大我（我的祖国、我的民族），这同中国传统文化里“穷则独善其身，达则兼济天下”以及“修身、齐家、治国、平天下”的儒家精神是一脉相承的。于是，也就会随着匠心到创新发明、创造，到拥有无数的创新灵感，并独立思考，坚持自己主见，自信，勇敢。因为具有这种企业家精神，你就不会糊弄自己，你就视企业为生命，背水一战，永不放弃。当然，还需要具备包容他人的积极心态，看事和看人先看好的一面，再看差的一面，否则就是成见。优秀的职业经理人同样应该具备这样的精神。

我的十三字箴言里的主、权、责、利、正、勇、赢、逼，也就是职业经理人的标准——

主：有主人翁精神，认为自己是企业的主人，职业创业，做主角。副职也是辖事的主角，在后道负全责（主牵头），直到问题解决。一二级职能部门上管CEO下管员工，职能部门可召集其业务和条线相关人员，这些人员必须配合执行。对事不对人，帮理不帮亲；公司利益最大化，组织自动化。

权：权力在岗位。

责：岗位负全责。

利：绩效到岗位。

正：做人正、做事正、走正道。正义、正气、公平、公正、正能量，意识健康。

勇：有梦想、有英雄情结、自信、勇于挑战、积极心态、狼性文化。

赢：要做就做出业绩，要打就必须打赢，虎狼之师，胜利之师；越赢越自信、越赢越热爱、越赢越热情、越赢越激情、越赢越智慧。

逼：快、准、狠。给下属定目标、作职业规划：一个月、半年、一年、三年、五年。给自己定目标、做职业规划：三个月、半年、一年、三年、五年。逼自己立目标，逼自己学新技能；给自己压任务，给下属压任务。自己主动挑担子，主动负责任，有挑战精神，有工匠精神；让下属主动挑担子，主动负责任，让下属有挑战精神，有工匠精神。

职业经理人的原动力

人的成功一定是有原动力的。那职业经理人的原动力是什么？先说说我的原动力吧。

一是与众不同。我从小爱看连环画，特别喜欢《三国演义》里的赵子龙。因为我属马，甚至把自己都模拟成了赵子龙的白龙马，其实也就是埋下了渴望与众不同的种子。

二是先苦后甜。我从小生活在农村，记得14岁6月的那些天，天下着雨，我赤着脚，在泥泞的土路上一滑一滑地挑着一百多斤重的秧苗，而身旁村上的一位74岁的老公公也和我一样，在雨中吃力地挑秧。顿时我心生感慨：再过60年，我也就74岁了，如果还要像老公公这样辛苦可怎么办啊！再想妈妈每年的360天、每天干农活劳累16个小时，我暗暗下决心：将来一定要让她过上好日子。正是这样的结果导向，使“先苦后甜”成了我与命运抗争的原动力。爸妈留给我“勤劳、正直、俭朴”的传家宝，也让我成了精神上的“富二代”。

三是英雄情结。稍大后，我读了二十多本名人传记，特别崇拜英雄，包括岳飞、杨家将、霍元甲、楚留香历史上的英雄与文学作品中的英雄，还有王永庆、李嘉诚、卡耐基等企业家英雄。眼下是和平年代，我就立志成为优秀的企业家。

四是梦想。我的老家在江苏金坛，邻镇出了一位大名鼎鼎的数学家华罗庚。我很小就听父辈和村上的老人们用敬佩的口气讲他的故事，于是我从小就梦想长大后争取成为华罗庚那样让人羡慕的人物。职业创业之后，我更立志要成为世界优秀的企业家，成为学者和绅士。

原动力太重要了，有了原动力才能变成自驱型的人。人有不燃型、被燃型和自燃型三种。自燃型也就是自驱型，自驱的燃料是什么？就是你自身的原动力。愿望变成能力，不是学出来的，而是逼出来的。靠什么逼？结果思维。想象英雄和成功者的结果，憧憬自己未来努力后的结果，让“结果”指挥现在，就会强迫自己自觉，也会强迫自己热爱，“结果”就会成为结果。不能只幻想，要为理想干，而结果思维才能让理想落地。

开发自身的原动力，从为父母、为家庭做起，到有梦想、崇拜英雄。培养出了英雄情结，你的心脏就会燃烧，血液就会沸腾，就会有独特的精神气质，就会有热情、激情，就会所向无敌。我建商场碰到缺资金等问题时，站在光秃秃的工地上，我就想自己的骨头就是钢筋，自己的血肉就是混凝土，内心就有一种强烈的呼唤：一定要成功！一定要争做第一！正是在这样一种“心胜”的力量下，一幢一幢商场真的盖起来了。现在红星美凯龙已有80座自有商场林立在中国的大地上。

成就感是人的引擎，这个引擎也就是人实现自我价值的原动力。而职业创业可以助你尽快抓到看得见的引擎，让你热爱这份事业，这样你就会开心，不知疲倦，工作就像唱歌一样快乐。

先通过学习，拥有了知识；通过能力，拥有了舞台；有了业绩，拥有了成就感，萌生了智慧；然后再学习，拥有更大的舞台，发挥更大的能力，有了更大的业绩，带来更大的成就感，有了更大大的业绩，产生更大大的成就感……这样的过程会让我们更自信、更热爱、更热情、更激情、更有感觉。小业绩萌生小智慧，中业绩萌生中智慧，大的、大大的业绩萌生大大的智慧。不断循环的成就感的积累，还会萌生超乎于一般智慧的“叠加智慧”，叠加智慧又会迸发高端智慧，因为成就感的累积才是智慧不断生长的营养剂。

为自己的成就而干，就会建树与企业这个舞台共存亡的理念，如同结婚，就一定要想着过一辈子。这样，你自然就会用心、努力，当企业需要你时，你就会全力以赴，碰到委屈、挫折，都能自己化解，碰到矛盾就不会退缩，碰到压力就会逼出潜能。当企业遇到困难时，你就会与企业共命运。

相反，打工心态则像结婚就想着离婚的耍流氓。有打工心态的人，对工作不可能全力以赴，一旦碰到诸如业务不熟悉、领导不支持、同事不配合等困难，就会有情绪，就会消极、退缩，更不会坚持、忍耐、宽容，就逃避甚至想离开；时间一长，他对工作就不喜欢、不热爱，就烦躁、厌恶，就不可能发挥潜能，当然也就没有好的结果。进一家公司怨一家公司，两年换一家公司，十年里换了五家公司。其实，在一家公司不能坚持，五家公司就更不能坚持，最终什么也没有得到。且离开后，公司及外部往往会给他差评，次次断层，不能形成技能和人缘的步步为营，人的风水也就会一次次变坏。

所以，先有三十年的梦想，再确立十年的愿景、三年的目标、一年的目标、三个月的目标、一个月的目标——能看到梦想成真后三年的自己，看到梦想成真后五年的自己，看到梦想成真后十年、三十年的自己，原动力就会拉动你自驱型的奋斗。

我的职业创业之路

为自己而干，并不是励志的口号，而是实实在在的切肤感受。当年，木工是我的职业，我开始就是职业工作者，之后也成了职业经理人。我尝到过无数艰辛，更体验到一次次成功积累所带来的快感。

回想早年到常州居民家里去打家具，我就意识到我是为自己而干，做家具是自己的事情，做不好要赔，做好了才会有新业务。一般的事我都愿意比别人多花30%的时间，重要的事更是多花300%～500%的精力。于是，我每天干16个小时，手艺也提升很快。我会把最结实的木料，用在橱柜的脚上；最坚挺的木料来做门框；选两块图形对称的夹板做门板，像幅对称的画一样；连有结疤的料也被我雕刻成花朵，变成了一件工艺品……随着我的手艺越来越精，我的家具就越做越好，物超所值，自然业务也越来越多。记得有位阿姨没请到我帮她家打家具，当时还哭了。于是我聘了五位客师，共带了五个徒弟，当了项目经理人。可以说，我职业创业的开始，是在客户的夸奖声中成长起来的。

后来，我主动找到一个家具专营店的老板黄国民。他拿出一张图纸让我先照样做，也就是考我。当然，我很珍惜这个机会，凭着精良的技能，在他这个平台上挖到了我的“第一桶金”，也是我事业的起步。

如今我还特别清楚地记得我拜师第二年，师傅跟我们师兄弟经常讲的话：“你们要青出于蓝而胜于蓝，才是我的好徒弟啊！”我觉得职业创业的法宝就两条：一是挑战极限，二是认为能青出于蓝胜于蓝的超越。挑战从勤奋、坚韧开始，而超越则先从局部开始。

再后来，我自己开家具门店。首先学做广告营销，在常州文化宫广场的十字路口拉了两条横幅——交通指示＋企业介绍，之后又跟报社、电视台一起学做广告片。再接着学管理，分工授权、绩效、培训和品牌打造，把书本知识与实践相结合。之后建大商场，更多要学消费心理学、社会心理学。我们的家居商场，需要的功能只有我自己知道，它同百货商场完全不一样，设计师也没有现成的个案，外立面和内部布局，都是我同设计师摸索着互动合作的。我把接触到的顾客、政府部门、合作伙伴、社会各界人士都当成了研究社会心理学和消费心理学的案例。企业做大了，我还要学财务、法律和金融……这些年来我读过一千多本书。其实，我刚开始没养成读书的习惯时，半年也读不了一本，而后来我爱上了读书，喜欢读就越读越快，现在三小时就能读完一本，并能迅速吸收书中的精华。我觉得我的知己就是书和学习，学习给了我新生命。

当年我的爸妈一高兴生了我这个儿子，我到现在只做了两件事——

一是红星美凯龙连锁经营模式的创新，这已进入哈佛大学的案例。因为此前家居零售都是杂乱无章的市场形态，我们第一家做了连锁。记得当年我经常带女儿去吃肯德基，肯德基是全球连锁的，我一下子来了灵感：我们也可以做连锁呀！当时同行都在笑话我，但我认为自己的想法是对的。如今360多家家居连锁商场完全把创新变成了创造，并且靠这个模式在中国市场打败了在美国处于垄断地位、年利润70亿美金的家得宝，以及英国的百安居、德国的欧倍德，目前它们已经全部撤资离开了中国市场。

二是红星美凯龙从第一代到第九代的创新，爱琴海购物公园从第一代到第六代的外形和空间创新，并且带动了中国家居茂乃至商业广场、购物中心的创新升级。我们商场的外立面为何要那么美？我是受了太太化妆品瓶的启发。过去我常偷偷地用太太的化妆品，总觉得太太用的化妆品瓶子的外形要比我用的漂亮很多，那瓶子里的化妆液也肯定要比我用的好很多，这就是形象的力量嘛，所以我就把这个理念用到了商场的设计上，而且世界首创把CI形象直接用到建筑外形上。小时候，我跟母亲去常州天宁寺拜佛，释迦牟尼、观世音菩萨的佛像很高大，把慈悲和正义的意象都强化、拔高了。记忆里的元素又给予我启示：商场形态要有震撼力。所以，我们商场的建筑结构多选四四方方的，像一个大盒子，这样比较有气势，能威震一座城市。以诚信的象征气势去震撼消费者、影响消费者，建筑本身就是一个信誉的代言。

——这两大创新创造正是我职业创业迄今最大的业绩，当然，我的业绩也来自我的思考。

在高科技时代，我们商业企业的科技又在哪里呢？我16年前就提出了设计就是科技，3年前我又强调品质就是科技，它包含设计品质、材料品质和工艺品质。

首先是设计品质。我对设计师开的费用是100%不还价，往往还会主动加30%～50%的设计费，甚至为了获得一个最佳方案不惜多花几千万。譬如，我们上海金桥商场的外形，当时我请设计国家大剧院的国际建筑大师安德鲁来做方案，但同时我也找了张艺谋“印象系列”的搭档王潮歌来设计。由于他们对家居茂的功能需求不甚了解，一时都没有感觉和方向，尤其王潮歌的设计，我硬贴了1500万。但在我反复琢磨后，偏偏又在王潮歌的方案里找到了灵感，启发出了蜂巢的理念。我再把这个理念给安德鲁，他终于有了感觉，才让金桥家居茂的外形成为商业建筑的经典。之后我们的爱琴海购物公园，请了日本著名的设计大师安藤忠雄，他要在建筑的外立面右上角做一个“安藤蛋”。起先我觉得在整体上很不协调，因为既要有商业建筑外立面的完整性，又要有美术馆的艺术形象，几乎是不可能的，但我还是决定让他去试。后来我发现设计的效果很好，我就点睛之笔地把他原先外立面的镂空条全部填平，让外形更整体，也成了中国商业与艺术完美融合的建筑奇迹。

设计品质是其他品质的基础。有了好的设计，材料品质和工艺品质都必须匹配，所以我选的材料总要比别人贵30%，给技术工人的待遇总要提高30%，关键工序提高100%，以多付出来确保“品质就是科技”的实现。我觉得中国经济的发展，要加大引进和创新发明高科技产业，要想创新发明，必须要有高投入的企业研发中心。而中国的城市建设、中国的工业、中国的商业领域的科技在哪里？设计就是科技。

说实话，我做木工时，根本没想过要做老板，一心只想把我的家具做好、做美，只想第二次比第一次做得好一点儿、快一点儿，第三次比第二次做得更好一点儿、更快一点儿……通过一个个技能的进步，一次次的循环往复，让自己做的事更完美、更精致、更有效率。即使后来开了家居商场，我还是只想销售我的家具，消费者能够喜欢，而从来没想过要做大老板。

我向来反感“老板”的叫法，因为董事长本质上也是服务者，为社会服务，为股民服务，为职业经理人服务。所谓“人人为我，我为人人”，互为服务，这样企业才能健康地发展成长。

如今，我还是把企业的董事长当成职业经理人，同样我也站在企业的平台上，从早年改变个人的生存状态，到奋斗家庭的幸福，到为社会立功、立德，再到如今“打造中华民族世界商业品牌”的抱负——我正是在为自己的抱负而干，也必将有所收获！

职业经理人的方法论

怎样才能成长为一名职业经理人呢？其方法论应该先从本体论去认识。如果把职业创业和打工状态作一比较，就可以发现其间成长与成功的巨大差别。

对于职业创业者来说，在工作的情境中，打工的心态下，人和事是分开的，往往无法融合，无法沟通。职业创业则会受到公司及外部所有人的好评，就会脚踏实地，步步为营，广交高友。

而打工者每天应付工作8小时，缺乏思考，也没有分析和联想，浪费了舞台，更浪费了自己。职业创业者每天工作8小时，每天加做梦思考、协调沟通、交友、学习6小时，效率和质量就会提高10倍。这样的8小时，其实可顶80个小时。可别小看梦见工作，做梦1小时相当于醒着的3小时。今年春节年初一到年初七，我每晚都梦到工作，有迎战2019的紧迫感啊！当时我就想，假如此时我们的三万名红星人也正在用心思考和梦见工作，那红星美凯龙将何等强大！

先讲个案例：一位刚入职的新员工，每月拿6000元工资。他想你给我6000元工资，我就每天干6000元的事，很轻松，两年过去了却还是拿6000元。另一位新员工，同样每月拿6000元薪资，但每天努力去做9000元的事情，于是随着升职，两年后每月就拿到20000元……如此培养提升，他很快就会完成从职员、职业经理人、中级职业经理人、中高级职业经理人到高级职业经理人的“五步跳高”，因为他懂得先付出。

再讲一个真实的故事：90年代，一个女大学生毕业后到深圳去打工，做了企业的一名打字员，整天打文件。但她总在寻思，这工作就像抄书，不能了解事情的经过，也没有互动。于是积攒了一些钱后，她就用这笔当时来讲的“巨资”买了台电脑，放在宿舍里，把不紧急的文件带回去晚上打。白天有了空隙时间，她就去找销售部的经理，说：“我能不能来这里倒倒茶，做点儿打扫卫生的后勤活？保证不耽误打文件。”经理当然高兴了，说：“好啊！”她就开始在销售部干起后勤来，因为业务内容听得多了，又可与自己打的文件结合起来，销售方面的知识渐渐积累起来。

过了一年，销售部缺少业务员，她找到部门经理说：“能不能让我来试试？”经理正为缺人犯愁，说：“好啊，你先试试吧。”于是她就兼做了业务员，因为已经接触过业务，又用心，很快就上了手。半年后，她不再打字，专职做业务，并做到销售业绩第一名。

过了两年，业务经理嫁到国外去了，那谁来顶呢？她又找到总经理说：“能不能让我挑战一下经理的岗位？”总经理也正在犯愁，考虑到她的业绩是全公司第一，便让她走上了职业经理人的岗位……

五年过去了，这位女大学生已经成为这家企业的老板。其实，这个故事的核心价值就在于她下决心自己买了一台电脑。假如她当时不买这台电脑，就是天天打字，也不用心，就会打五年甚至更长时间。有的人只知道辛苦付出，却不懂得先付出，不懂先贴钱做事。这个女大学生通过先付出给自己创造了机会与未来。

企业的基本制度是公平、公正，如果企业对其中一位先付出，就会对其他人构成不公平。但当你与众不同，通过先付出的努力脱颖而出时，你就是胜利者。

由此可以得出职业经理人方法论的关键，就是一个“勤”字。战争年代，我们红军打运动战和游击战的核心竞争力是什么？就是勤——腿勤，每天比敌军多跑30公里路。今天我们成为职业经理人更要继承“勤”的法宝。人懒先懒脑，人勤先勤脑。勤于学习，勤于思考，勤学技能，勤才是你自己身上的好风水，也是职场唯一的通行证。

即时分析能力，就是对事物进行即时剖析，从果中找因，从几个因中推理果，从一个点上假想、推理出一个面，这是方法论中的方法论。我说过，人一辈子只做三件事：探求事物的本质，寻找事物的规律，发现事物的联系。人一天只做两件事：一是重要而不紧急的事，如学习尖端的技能、勾画战略、结交高智慧的朋友等；二是重要而又紧迫的事，可以急中生智，提高效率，情急之中人的潜能释放不可估量。生命的意义在于勤，勤奋1倍，聪明10倍。因为人天性是懒的，手想懒反而动了脑，思考勤才“懒”出了创新，世界的工业革命和科技革命就是这样诞生的。

聪明的人愿意吃学习的苦，而一般的人却宁肯吃忙碌的苦。人生最大的思想误区，就是认为战略的短板可以用战术的勤奋来弥补。其实，没有深度的思考，所有的勤奋都是扯淡，都是无效的。

人有“徒、工、匠、师、家”五级之说，这五个层次正是现代职业创业者的五个台阶，其本质就是技能的晋级。对于职业创业者，第一是勤学技能，第二是学强技能，第三是升级技能，第四是复合技能，第五是复合技能+尖端技能。以技能来创造业绩，用业绩去赢得未来。

我再讲个“技能为王”的实例：有位投资人看中了一家鸭脖子卖得非常火爆的店铺，他同店主说，我投资你开100家店铺，你拿20%的股份，但店主不同意。于是，投资人就让自己的弟弟去那家鸭脖子店应聘，悄悄干了12个月，免费把加工鸭脖子的技能基本掌握了。然后他又去找店主，条件还是投资100家店，店主占20%的股份，店主还是不肯。这时投资人说：我弟弟已经在你店里把技能学到手了，我自己也可以开。最后店主无奈同意合作。可见，技能才是“杀手锏”啊！

当下我们身处一个飞速发展的科技新时代，年轻人一定要清晰认识自己，时时反省自己、更新自己，才不至于被淘汰。我们的祖辈学一个技能可做一辈子，父母们靠两个技能能混一辈子，而今天的我们，起码要有5～10个技能，才能创一辈子，这正是企业平台当下之需，也是职业创业的入门券。当你自学、自研、外学，学到了最尖端前卫的技能，你就可以迈向更高的职业平台。这个社会只怕你不优秀，优秀者一定会有让你发光的机会来找你。

这样的职业创业者，效率和业绩第一个3年是2倍，第二个3年是4倍，第三个3年是16倍，第四个3年是256倍。12年个人的价值提升了256倍——这是职业经理人成长的“复利效应”。

全球扁平化了，已经是互联网、人工智能的时代了。商场如战场，以进为进，不进则退。职场如战场，以进为进，不进则退。现在守业是守不住的，人一定要有危机感，有危机感才会驱动你奋力拼搏、不断开拓，取得大业绩。我给职业经理人的六个字是：开拓、合作、分享。

从职业创业到职业经理人并非做官，而是做出业绩。有些人外交能力很强，但产品不强；有些人技术不精，马屁术倒很精通，只会听话、跟随，没有思考、没有自我，还特别喜欢拍马屁、听话、跟班的人，那是不会有出息的。他们不懂技能为自己而学的道理，更不懂下属技能强了，自己也强大了，而且与同事和下属还会产生共鸣，志同道合。一个优秀的人，一定要让自己变得越来越聪明，也要让下属变得越来越聪明，这才是职业创业的基础。

我们一定要勤奋努力让自己成为专家，努力培养自己选择专家的能力，给专家以发挥才能的空间与条件，让专家创造业绩。

在公司的平台上，每个人都可以从职业经理人成为职业创业者，乃至职业企业家，但前提都是与技能挂钩的。基层的技能是阶段性技能，然后具备一定的创新能力，能创造出新产品，可以成为中层，拥有新技能，创造出新管理方案、新商业模式的，可以成为高层，职业企业家一定有无可替代的技能，有区域、省市、全国甚至世界第一的技能。

为自己而干，从职业经理人成为职业企业家——既关联着自身的人生意义和生命价值，也是中国业界当下的必然趋势。我是谁？我要到哪里去？车建新是谁？车建新要到哪里去？

车建新做人：先苦后甜，3倍努力，崇拜英雄，感性做人，先付出，还情义、欠情义。

车建新做事：异想天开，脚踏实地，步步为营，只争第一，追求完美，今天开始。

车建新思维：利弊思维，结果思维，剖析思维，求本思维，联想思维，假想思维。

车建新创新发明四型论：组合型创新发明，推理型创新发明，演绎型创新发明，整合型创新发明。只有匠心，才有创新。

车建新经营管理13字箴言：

正

权、责、利

看、帮、赛

主、学、通

逼、勇、赢

车建新经营管理13个哲学思考：

（1）创新业务模式。

（2）创新执行方案。

（3）合力执行到位。

（4）优化组织管控。

（5）不断剖析事物本质。

（6）不断学习超越自己。

（7）自己和下属同步越来越聪明。

（8）不断深入一线调研总结。

（9）不断分享组织赋能。

（10）不断解决顾客痛点。

（11）提高执行效率。

（12）提升品质和效益。

（13）推进组织自动运行。

我们的信仰：用职业创业之激情，让每个生命都变得优秀和卓越！

我们的使命：以提升中国人的居家品味为己任！对每个家庭的居家环保负责任。

——车建新与三万个车建新共勉同行！红星美凯龙将何等强大！

车建新

三专论

专　注

还在读高中的儿子，喜欢用手机看网易新闻。前些天问我："新国五条"的出台，对红星地产有没有影响？这话吓了我一跳！俗话说，吃什么饭担什么心。作为一名中学生，你不关心自己的学习，关心这个干吗？

由此我联想到，眼下人们有个流行病——关注面太广，关心不相干的事情太多。微信、今日头条、QQ、微博……信息渠道很多，每天接受的信息太杂；厕所、电梯、出租车……广告无孔不入，处处抢占、强占你的眼球。如果没有一定的抵御力、专注力，注意力很难集中。

很多人喜欢空谈，喜欢充当评论家。谈国际时事、谈政治、谈不着边际的事……我留意到身边，有的楼层管理人员在谈论总裁考虑的事情，有的小区老总热衷于谈论M2（广义货币），而对自己的专业却不关心，把自己的精力和兴趣点分散了。更糟糕的是，侃时势、侃政治、侃大山会有瘾，话匣子一打开就收不住。

现在是互联网时代，信息泛滥、过剩，千万不要看那么杂，那么多的信息！关键是要把自己的事做好，聚焦一个细节、一件事及其关联，做强专项技能。先纵向深入，学精一样，再横向拓展第二关联，触类旁通。如果第一件事没做好就去做第二件，两件事都是半吊子。

我做事的诀窍，就是比别人做得好一点儿，追求更完美、更精致，从而培养了自信，积累了成就感。要把每个细节做好，刚开始可能要比别人多花30%甚至300%的精力，但后面就可以事半功倍。《三联生活周刊》的记者问我，与我创业的年代相比，现在的创业者机会在哪里？我说，机会就在于追求做事的精细和精致，追求产品的品质和品位。这里面蕴含着巨大的商机，这种迈向精细化的新创业在中国才刚刚开始，未来会愈演愈烈。

人是有兴奋点、关注点的，要聚焦专业。兴趣一宽泛，注意一分散，人就废了。兴趣点非常重要。我在公司里对高管建议：要关注业务本质、人才能力、管理方法，大家在一起90%的时间多谈与工作相关的实际问题。将100%甚至120%的注意力放在事情上。许多人不是没有时间和精力，是心神飘忽，貌似在做事，心却不在现场，不在情境中。

真正的学习是，缺什么学什么，学当前最有用的！

真正的学习是，带着问题学习，去找解决方案！

睿智，就是知道该忽略什么，有所不为而后可以有为。曾国藩说："凡全副精神专注一事，终身必有成就。"彼得·德鲁克也说过："如果你想让大脑高效工作，就马上减少信息，只留下最重要的信息。"

十多年前，我就发表过一篇文章《树木剪枝的启示》。内容说的是一棵树要长好，是必须进行剪枝的，把不必要的枝条剪去，树才会照你所希望的方向发展。学习本身是一种选择，对学习的内容有所筛选，你就会留下最为重要的内容，于是又可以腾出空间来，再吸收新的知识，孕育新的创造力。

专 家

我女儿在投行工作，刚进去工作不久。日前，她跟我预测今年房地产市场会下跌。又吓了我一跳！地产市场风云变幻，那么多专家学者都争论不休，你能判断得清楚吗？这就牵涉到一个很重要的方法论问题——遇到复杂的问题，我们该如何判断？

我的意见很明确：听取专家的意见！因为现在是一个专家时代，无论是审美，还是审人、审事，我们都必须要依靠专家。譬如审美，先自己认定，后请教专家。然后再认定，再请教。如此往复。拍摄一部电影或电视剧，必须要依靠舞美、灯光、烟火、服装、武术等很多方面的专家组合。再厉害的导演也不可能全懂，他需要依靠多方技术人员的支持。

在这个专业高度分工、信息错综复杂的时代，单凭自己的判断和能力完成任务，是既薄弱又危险的。我们先审定专家，再让专家帮助我们审人、审事，把专家的才干嫁接到自己身上。随着自身的成长，我们对专家的审定能力还会渐渐提高。

我 19 岁的时候，就明白“瞎子加瘸子能骑车”的道理。当时我做木匠配料，接活比较拿手，但装门、装锁、拼缝技术不行，为此我请了一个装门、装锁的客师和一个拼缝的客师，弥补我的两项短板，最后做出的家具特别好，特别受欢迎。还记得当时有位阿姨因为请不到我帮她家打家具还哭了呢。

现在是一个抱团打天下的时代，光靠一两个专家还不够，最好有十八罗汉相助，使得十八般兵器，又有降龙十八掌的绝技。做事，就是站在专家的肩膀上。几个专家合在一起，互补合力，能力倍增。

在企业管理上，我发现不称职的领导都有个通病：认为自己是高管，什么都懂，是全能冠军；不是自己强项的事情，也要吹嘘；好面子，乱发表意见，不尊重专家，不尊重专业。

做领导的大忌就是以为自己是全才！现在再也不是单打独斗、个人英雄主义的时代了，要靠团队打天下，靠专家赢天下。所以，我们要建立专家档案，积累专家资源。对外，借用社会上尖端的外部技能，发挥好专家的作用；对内，要团结、支持专业人才。要多听话，少讲话，别不专业也讲一大堆。要尊重年轻人，崇尚新思维、新技能，善于发现新专家。对自己，要加强核心技能的提升，拓展相关的第二技能，要让自己也成为行业专家。

专　源

专源，就是专注源头、追根溯源，就是万事找本、找规律的源头文化，就是即时分析、即时联系的求本主义。

网络时代的务实，就在于分析事物，解剖细节，每天多问几个为什么。因为速度快、信息量大，因此不能粗看。要学会从多角度、多剖面观察事和物，挖掘深层次的规律。要分析事物的利和弊、优与缺、因和果。

为什么美国人厉害？因为他们的“求本意识”强。为什么他们的电影就有人看？因为他们解剖了观众的因，才产生出大片的果：物质文明达到一定高度的时候，人就会空虚，就编出个《2012》；网络时代出现了，他们就迎合大众心理，弄出个《阿凡达》。他们抓住了事情的本质，开发出的产品自然大获成功。所以，创新一定要有源头文化，要有所创新发明，你就一定要寻根溯源。

当今社会，不乏聪明人。但真正聪明的人，是推崇、制定和实践方法论的——首先，战略1～2条；其次，方案3～5条；再次，步骤3～5步。真正聪明的人，会不断提升自己分析、总结的能力。

专源，实际上就是透过现象看本质，抓住事物最根本的因。一直以来，我特别关注人性和消费心理，因为我觉得这是纷纷扰扰的世事背后更本质的东西。

譬如说，品牌的本质是什么？就是在顾客心中有没有位置。任何在顾客心中没有位置的品牌，终将从现实中消失，这也意味着品牌背后组织的消失。

所以，组织最有价值的资源，不再是土地与资本，而是消费者的心智。心智资源能够充分反映消费者的价值观，消费者既得利益的观念。没有心智资源的牵引，其他所有资源都只是成本。

再譬如，做企业的本质是什么？我的看法是，普天之下，三百六十行，实际上就是个“人心工程”：政治家就是要深得民心；企业家就是要笼络消费者的心；经理人就是要凝聚部属的心。你能赢得多少人心，你的事业就能做得多大。

消费者的源头是：好的商品，品牌美誉度，方便，高性价比。做人的源头是：勤劳，孝顺，正义，责任，积极。未来社会的源头是：生态，科技，健康，品位。中国人家庭观念的源头是：个人要为家庭做贡献，光宗耀祖。我的父母就是以“勤劳、正直、俭朴”的精神创业，并把这种精神财富传之后代，星火燎原。就国家来讲，如果每个人都有自己的梦想，为实现自己的梦想而努力，14亿个梦想就汇成了“中国梦”。

要了解西方人，一定要研究基督教文化；在中国，做生意也好，做管理也好，做创新也好，一定要研究“儒、道、释”三大文化源头，要听古典音乐、读《道德经》。

没有比做人更高的学问，撇开人性、人心，去外部寻求本质，只能是缘木求鱼、刻舟求剑。关注源头、关注本质，才是成功的起步。

车建新

时代需要善的超越

最近，有一部国产动画片《哪吒·魔童降世》大火，我看了两遍，感觉它除了以全新的动漫制作颠覆了原先哪吒的定位外，更主要的是形象化地探讨了人性善恶的重大主题，引导千万观众在这个情境中作出自己的思考。由此我结合自己多年来对这一主题的感悟，提出以下四问。由此四问，可以剖析出善不仅是人性的原色，时代更需要善的超越。

一、为什么有“性善”“性恶”论

对于人性的善恶之辩，古今中外历来有许多不同的观点和论述。首先，西方基督教最重要的教义就是原罪，认为任何人天生即是有罪的，因为他们的祖先亚当、夏娃被蛇诱惑偷吃禁果，就遗传了恶的种子。这个原罪观还被西方近代新教领袖路德·加尔文发挥得更极端，他明指任何人生来即是恶人。古罗马的神学家圣奥古斯丁也说：“人生来有罪，多数是没有理性的灵魂，人的犯罪都是因为人有恶的意志。”所以，人生是赎罪的过程。在苏格拉底看来，一方面“人皆求善”，另一方面人则有“以恶为善而求恶，明知为恶而大恶”。现代西方的存在主义哲学提出“他人就是地狱”，其基础也是人性恶。但法国伟大的思想家卢梭讲过：“我相信已经证明过，人类天性是善良的。”

在东方，我国儒家文化的代表人物孟子指出：“人性之善也，犹水之就下也。人无有不善，水无有不下。”孟子认为，人原始的感觉、感情与意识像水流一样，来源于人的本性，“可欲之谓善”。他还说，人生下来就有仁、义、礼、智四个“善端”，如同人有四肢。战国末期的思想家荀子则发展了儒学，认为“人之性，恶；其善者，伪也”。南宋学者王应麟的儒家启蒙教育经典《三字经》，开篇直言“人之初，性本善”，更对后世影响深远。

我是个坚定的性善主义者，不仅笃信老话里讲“人心都是肉长的”，更是从我的成长历程和对世事人情之观察中体会到，人性中最闪光的金子就是善。

二、我的“九情九欲论”为什么证明没有恶

剖析人性的元素，我认为就十八个字：喜、怒、哀、忧、悲、恐、憎、爱、善、生、食、色、舒、知、诉、利、名、征。如果说人的身体里有五脏六腑，那九情九欲就是人的精神脏腑。为什么我可以证明没有恶？因为这个精神脏腑里原本就不存在恶，恶非天生的，恶是后天衍生出来的。我们看刚出生的婴儿，身体是散发着童香味的，皮肤是透明的，眼瞳无比清澈，笑容纯真无邪，简直就是原始的没有污染的天地精灵，是善与爱结合的小天使。我们从狼孩的真实故事里也可以看到，这种真善的气息连狼都不忍伤害，反而把他喂养大了。

那人到世上为什么会背离善的本性而衍生出恶呢？我剖析主要有五种变恶的原因导致了人后天的“习相远”，这都与九情九欲不无联系。一是生存的基本保障没达到，譬如吃。狼为什么比老虎、狮子更凶残，因

为狼是饿鬼，胃大消化快，力量和速度又都比不上老虎、狮子。二是情绪没有正常渠道合理倾诉、宣泄，得不到控制和调节，就会堆积爆发而冲动生恶，如九情中的怒、憎等。三是欲望过多，贪婪无度，像九欲中的色、利、名等，一旦得不到满足，就会欺辱他人，像村霸、黑社会恶势力等，会滋生人害人的恶。四是人的不安全感，过度地保护自己会带来忧、恐、哀的失度，继而产生攻击性，就像狗看到人叫，其实是狗自身恐惧人可能对它的伤害而自我保护的本能反应。狗先朝人吼，人便会做出挡狗的威胁性动作，接下来就演变成狗上去咬人，就交了恶。五是思想观念上强烈的不认同、看不惯、对立，认知偏差产生了恶。

这里我重点讲有关九情中怒和憎的控制，因为这两种情绪是每个人都会有的，一旦过度，不但人会变笨，还会很快上升为仇恨，并丧失理智，从而造成不堪设想的后果。讲两个发生在我身上的例子吧——

记得23岁的一个冬天，我从城里骑摩托车回乡下老家给父亲拜年。路过一个村口时，正好见到我二哥在同那个村上人打架，我冲上去就帮着二哥打起来，却没想到对方一下子来了十几个人，把我的摩托车都扣下了。当时，我身边也有好几个同村人，但理性告诉我，不能再这样打下去了，一场恶斗的结果会非常严重。于是我托人调停，把车也要了回来，避免了“一失手成千古恨”。

还有一次，我在杭州建筑设计院的路边上，有辆小车不当心开，居然从我脚背上压过去，我与那开车的理论，他还凶得很，愤怒之下，我拿包把他的车挡风玻璃砸碎了，他立马下车把我推了个大跟斗，而不远处我的司机和同事也冲上来要帮我打对方。在那一瞬间，理性提醒了我，群架绝对不能打，否则后果不堪设想。于是，我主动和解，答应赔偿他车玻璃，当然他也向我道了歉。

从我这两个“吃亏”的案例中可以看出，人在情急之下是绝对不能相互刺激的。有的恶是积怨成仇而致，有的恶却是无意间产生的。有些凶其实是伪凶，像过去村上、社会上总有些仗着家族或团伙势力的“流氓”手舞刀棒，目的为了吓唬你镇住你，开头可能是个误会，但你口无遮拦甚至辱骂对方的家人，不断刺激对方，再加上旁边还有人煽风点火，那对方这一刀说不定就真砍下来了，因为他被你的“你砍你砍”刺激得下不了台，导致大脑一片空白，造成了过激杀人，这种情况至少占到了杀人行凶案的30%。所以，当人处于憎、怒的情境，一定要冷静面对，最好是能坐下来，喝一口温水降降火，然后在第三者的劝导下，双方轮流诉怨。其实，恶的源头往往是语言，骂人便是恶语伤人，就有可能由言语过激变成恶行。目前，法律对这一恶之源的惩罚力度还不够，我们更需要对自身语言进行修炼，把由此可能产生的恶扼杀在萌芽状态。生活中某些小矛盾如果没及时解决，也有可能上升到人命纠纷、社会纠纷，憎和怒的循环升级会生成恶。唯有识大局，从全局去考虑，去沟通，才是解决问题最有效的方式，消弭怨恨，则是善的力量、善的升华。

有时无聊好斗也会生恶，譬如十来岁的小孩子喜欢打架，喜欢用小土块、小瓦片扔对方，但如果土块、瓦片甚至砖头越扔越大，砸伤对方就会产生憎。当年，我们乡下就有两个村的几十个孩子互相扔土块、瓦片，结果有位女生就被砖块在脸上砸了条6厘米的口子，缝了十来针，还被取了个“豁嘴女”的绰号，至今都留着疤痕，这就成了恶。

再比如，两个男人在为一个女人争风吃醋的过程中，会因嫉妒而产生怒、憎，进而使出毒招；竞争对手在你死我活的利益争夺中，在争权夺利的欲望驱使下，会不择手段，或者报复性地你搞我也搞，甚至采用黑道行凶等不正当手段进行报复……但要知道，所有的恶都不是人的本性，只是社会风气的负面影响和个人遭遇挫折所致。自身的“九情九欲”没有得到很好调节，久而久之，负面心态所带来的愤怒、抑郁、焦虑、恐惧等情绪就不可避免，而长期沉浸于负面的心态和思维中，就会导致严重的心理障碍，甚至产生攻击他人、攻击自己（自杀、自残）等行为。所以，我的“九情九欲”论特别强调转换，即尽量让负情绪转换成正情绪，让负意识切换成正能量。人与人之间能力的差别就体现在情绪的转换能力上。

经历的挫折多了，气、痛都会变成忧和恐，但也可以转化成征，不服输嘛。至少要转成诉，把它宣泄出来，否则会转成哀，哀和忧又可以用怒来转换。欲望一时没有达到，有的人转化成悲，有的人就转化成了怒或憎，这样反而有了力量感。但憎和怒，有的人只为宣泄而报复，就转化成了恶。学会情绪的转换，就能尽可能避免行为的偏、畸，从而更好地提升人的自律能力。

我观察过几十种动物，分析出动物的情和欲恐怕只是人类的百分之一或千分之一，像猪、鱼等，顶多只有基本的食欲与繁衍需求。所以，九情九欲是唯有人类才具备的心理动态和生理要求，是人性基础的基础。上帝创造了人类的九情九欲，创造了人类的愉悦和痛苦，创造了人类的智慧，正因为人有了愉悦、痛苦与智慧，这个世界才更丰富而美好。

三、为什么只有善才能自我实现

我在创作本书《为什么要自我实现》的过程中发现，其实自我实现与善恶的关系非常密切。按照马斯洛的需求层次理论，当下我们已进入小康社会，法制、社会保障体系等基本面已得到解决，人的生理需求、安全需求和归属需求多多少少得到了满足，也可以说滋生恶的环境与土壤在不断改良，人生理与心理可能生恶的客观条件在逐步排除，即便还有名、利、色的欲望驱动，也完全可以转换成正情绪去良性竞争。也可以说，需求的层次越低，越容易产生恶，穷凶极恶嘛。到了尊重需求和自我实现需求即第四、第五个层面，人不会被怒、憎、哀等负情绪所左右而再生恶，应该进入了善和爱的良性自循环，犹如佛家所言，可以“超凡脱俗、立地成佛”了。

在走向文明的进程中，人必然会以善的理念与行为去满足尊重需求和自我实现需求。我认为，只有善才能达到自我实现，因为自我实现首先必须自我完善。自我实现的过程，正是对社会、对他人、对自身的从善之旅，自我实现不仅仅是立功，所谓上善若水、厚德载物，品德第一才是自我实现的善果。

回到开头说起的动画片《哪吒·魔童降世》上来，可以说这其实是在讲一个自我实现的故事，也是一个惩恶扬善的故事。哪吒原本是一个纯真小孩，却被误换成魔童，做过不少恶事，尽管他内心向善不想成妖，但由于周围人的偏见，他也就在痛苦、挣扎中破罐子破摔，但他身边终有善的关爱与教育对他进行感化、教化。首先是他母亲无私的爱，即使被他咬了手也不制止，始终无条件地付出；他父亲可以命换命，为他牺牲；太乙真人带他在许多善的场景里学习，激发他善的觉醒；还有龙王三太子敖丙对哪吒的一救一放而产生的感恩，以及村里的小女孩充满天真善良的眼神……爱终于驱逐了仇恨，善的力量帮助他战胜了自暴自弃，让他“我命由我不由天”，从“魔丸”变为“灵珠”，成就了自我实现。那个申公豹虽有一定能力，但因没有得到重视而由憎生恨，内心的狭隘阴暗使他终遭恶报。

在此，我还要特别呼唤、呼吁我们的社会教育、文艺影视作品以及媒体尽量少涉及交恶的题材，像一些个人行侠复仇的作品，故事的理念仍停留在法制缺失的几十年、几百年前。侠客只是时代局限的产物，而如今法律在不断完善，以法制恶才是文明的标志，人必须通过法律的手段来保护自己。如果还是推崇以己执法、以暴制暴、以恶制恶，那必然会造成冤冤相报、没完没了，弱势群体还会更多依附于恶。所以，我们要多去弘扬善与爱的正能量，去助推爱善凝聚成的自我实现。

为什么要自我实现？人最高境界的喜，是成就感的喜＋成就感萌生智慧的喜，拥有成就感，才会具有真正的爱和善。一个拥有成就感的人，肯定是对工作、事业充满热爱、热情与激情的人，也肯定是善于付出的人。成就感的喜又会促使人产生更多的爱，从爱父母、爱孩子、夫妻互爱，到爱美、爱事业，再到对国家、民族、社会的大爱。

善能产生爱，爱又能产生善，善就是仁爱之心、怜悯之情，因为善必然让人心胸宽广、摒除恶念。善是一种付出，更是一种高层次的获得。善从何来？一是人与生俱来的本真之善；二是社会教化与自身情与欲营运的理性归善；三是成就感和智慧升华了的善。拥有了成就感，可以有更多更大的资源与实力去积善行德，去帮助别人。成功的人感知能力特别强，实现了自我必会感恩，感恩之心便是善，善的背后又是尊重，人被社会和他人尊重了，就会感到温暖，就有尊严，自信就会增强，成就就会更大，就越能体验到助人为乐的喜。爱、善、喜三者是互动相生的，相由心生，境由心定，心善是一切善行的本源。

四、以善为本为什么是人类的唯一通途

作为个体，人性本质是善，那如果把善放大，群体之间、民族之间、国家之间的善更是和谐生存的原则，文明就是善对恶的战胜与超越，以善为本才是人类发展的唯一通途。习近平主席在国际上多次提出“人类命

运共同体”的概念，正是善之超越的时代呼唤，也是东方文化里天下大同、以和为贵的善生态的精髓。

回顾历史，西方列强如西班牙、葡萄牙、英国、法国等在近代的崛起，无一例外都发动了非常残酷的侵略战争，并对其他文明实行殖民统治。这些都是西方国家的历史污点，是国家作为一个整体被贪婪驱使下作恶的结果。而中国几千年里很多朝代国力强盛，却极少发动对外侵略战争，从这点来看，中国的文明程度要高于西方。历史证明，动辄因一己私欲而与他国交恶，既是停留在原始蛮荒时代的做法，也是丧失天下意识的偏狭自私。按常理来说，经济越发达，人类应该越文明，但今天已经达到尊重需求与自我实现需求的美国，其富有与强大已使其成了世界唯一的超级大国，但它还总是控制不住自己的憎与怒，因为私利、贪婪与狭隘，动辄对其他国家施压，挥舞制裁大棒，甚至还屡屡发动战争，满世界制造混乱，国家为恶，乃为大恶。我认为，世界因多元而精彩，即便国与国的政治体制、发展程度及历史文明不同，都应该克怒制憎，平等相处，绝不能滋生恶念。人与人彼此信任，就会有共同语言，双方就会一见如故，并有“士为知己者死”的情义。国与国之间的信任也非常重要，信任会激发信任，而怀疑、戒备就会激发怀疑，甚至由此造成忧、恐的升级，酿成恶。

人与人之间讲气量，国与国之间要有气度，因为时代不同了，文明进步的标志就是善，人类命运共同体的概念就是倡导全球化的大善博爱。不同的国家、不同的民族齐聚在同一地球村，必然存有诸多差异，要求同存异，只能依靠一个“善”字，而善最重要的一个元素就是谦让。前些年，美苏都气量小，只看到眼前的一点儿小好处，而看不到未来的大好处，结果谁也不谦让，搞成了冷战谁也没好处。一个国家也要有善的修炼，同情弱者就是善，谦让便是善的超越的具体体现。各让一步的时代早已过去了，现在的生态原则是人与人各要谦让三步，国与国各要礼让五步，因为不再是我弱你强，而你强我强才是让世界充满爱的起步。我们的G20峰会正是以气度带头团结，发出公平、公正、正气、正义的大善之音，同时我还呼吁联合国要强化职能，完善惩恶扬善的国际法律体制，因为当下的世界还有扯皮、争斗，甚至硝烟不断，这就会有伤害，先是小伤害，接着就会有中的、大的、更大的伤害，不光是国与国、民族与民族，而是对世界、对人类的伤害。当然，解决世界上的恶，更多要让人类本性中博爱、怜悯、宽容的光芒散发出来，去照亮那些还在作祟的阴暗角落，我将其归纳成十二个字：依法执法，以德止斗，以善去恶。

善是人类与生俱来的最美好的情感与品性的基石，哲学家弥尔顿说："意识本身可以把地狱造就成天堂，也能把天堂折腾成地狱。"在人性中，善就是国王，一旦生恶，就会变成魔王。人性的善恶会形成一张生命的漩涡图，就像盛了两种不同颜色水的木桶，善是白水，恶如黑水，哪怕1%的黑水进入纯净的白水中，都会造成污染，形成黑色的漩涡。人类只有以善为本，才会生活得像幸福的国王，所以就像要去除杂草必须先种满庄稼那样，善多了，才不会被恶的漩涡淹没。时代需要善的超越，而人类命运共同体正体现了博爱大善所需的核心价值观。

车建新

深刻的记忆能让时间“永恒”

今年春节在三亚度假，闲来无所事，大脑也无所思，感到一天很快就过去了。我就在想：怎样才能把时间留住呢？

年初二去爬五指山。山很青，山顶有个水库，水很美。我爬爬停停、歇歇看看，上下将近两个小时。一路上的美景给我留下了深刻的印象。我突然联想到，留住时间是有办法的——深刻的记忆就能让时间“永恒”。

时间的快慢是一种感觉

时间是相对的。爱因斯坦曾经用一个比方说明时间的相对性：谈恋爱的人会觉得时间过得飞快，而着急等人的时候一分钟好像比一小时还长。这是因为前者大脑里近乎空白，后者心心念念都在期待中煎熬。可见，时间的快慢是一种感觉。

第二次世界大战的关键转折点是诺曼底登陆，此次行动事关整个

“二战”参与者的命运，千万人为之揪心。史书上把这个刻骨铭心的日子称为“最漫长的一天”——表达太传神了！

经典记载的是深刻记忆

王羲之的《兰亭集序》之所以成为不朽，被奉为永恒，是因为天时地利人和，作者把当下的好天气、好风景、好心情，加上一帮最牛的人，汇聚而成的最深刻体验和记忆，用文字和书法定格、凝结成永恒。无论经过多少岁月，你仍然可以透过对作品的解读，跨越时空，重温作者当时的记忆。

所以，好的艺术作品就是作者体验的定格与存储，经典的背后是深刻的记忆。

人们总是记得第一

正如初恋最难忘，人生中很多第一次总是让人记忆深刻。我至今清楚地记得自己打的第一件家具。那时我的学艺还没满师，只是给师叔打下手。恰好三月三，师叔回家。我就自个儿在那琢磨，偷偷把书柜拼装成功了。师叔回来后非常惊讶，我暗自得意。这件事在我脑海里就成了永恒的记忆。

就像人们总是记得冠军，人类社会对第一次也是尊崇备至、载于史册。我们永远记得电灯是爱迪生发明的，电话是贝尔发明的，飞机是莱特兄弟发明的。现在哪怕是科技上的一个小小突破或改良，都有专利保护。

因此，创新发明做第一，堪称永恒。

我也有一个商业上的创新案例，至今记忆犹新。那是1996年，我跟南京7425厂的负责人去郊区村里吃饭，饭桌上听他们谈一个三方债务：工厂欠村里1700万的土地款，村里欠银行2700万。银行去追债，发现工厂的实力比村里强，决定把贷款转办给厂里。也就是厂里要将这1700万直接还给银行，而且不需要现在还。三方先签了债务转让协议，前3年工厂不用向银行付利息，第4～6年每年支付3%的利息，不用还本金。

我回家后一夜没有睡着觉，心想这不是“天上掉下来一个林妹妹”嘛！第二晚我还没有睡着，到了第三天晚上，我想到一个办法：签一个四方协议。因为红星集团要付工厂租金，一年要付800多万，那么可以租金晚付，这1700万的债务由我们来承担。经过这样的债务四方协议转让，红星相当于获得一笔低息的长期贷款。后来，我用租金扩建了南京2万平方米的商场，结果这笔钱还有剩余，又盖了常州的新商场。再把常州商场抵押给银行，借了2000万，到上海的真北路盖了商场。

这个可以与哈佛商业案例媲美的巧借资源实例，成为我记忆中最深刻的“第一桶金”。

立德立功才能彪炳千秋

俗话说，时间是最公正的。能够被历史记住、名垂史册的政治家、军事家等，必定是创建了不朽功勋，在立功立德上有令人记忆深刻的建树。譬如“战神”粟裕，他的“七战七捷”脍炙人口，他指挥的淮海战役不光是他本人的终身记忆，也是中国革命史、世界战争史上的经典案例。

有意思的是，记忆深刻的程度与目标的挑战性程度成正比。目标就像跳高的横竿，必须适时抬高。因为不攀登高峰就没有深刻的场景记忆，要有连续深刻的场景记忆就必须不断攀登高峰。

同样，对于一个企业家来说，成功和业绩也是记忆深处永恒的兴奋点。记得有次我在北京候机，晚上8点飞南京。一直等到夜里12点，通知说不飞了，有车送我到宾馆住下。凌晨3点被叫醒，我被车拉到机场，结果还是没飞。一直等到早上8点才起飞，被折腾得疲惫不堪的我一觉睡到南京。醒来发现身边坐着一位女士，忍不住向她吐槽我的运气太差、太倒霉了。而她则非常庆幸买的是早上8点的机票（她本来也想买昨晚8点的机票）。这一聊很投机，发现她有不少社会资源。后来，在她的帮助下，我们在北京拿了一块地，建起了北四环商场，赚了十几个亿。

仪式感强化记忆

文化传承以及宗教也常运用深刻的记忆来传播和教化。我去过佛教寺院，看到大雄宝殿里的佛像不光非常高大，而且佛像所展示的慈悲、智慧也是放大的，营造了一种庄严肃穆的气氛，让人记忆深刻；还有过去城隍庙泥塑的刀山、火海、油锅等地狱恐怖、血腥的场景，都容易让民众形成深刻记忆，对弃恶从善的教化起到很大的作用。

吃苦的记忆是成长的养分

孟子说:“天将降大任于斯人也,必先苦其心志。”一个人对吃苦的体验是精神成长最宝贵的养分。我做木工的时候,有一次抬石子填地基,肩上百十斤的担子,脚下奔走不息,整整三天三夜没睡觉。身体疲惫到极点,精神却亢奋到极致。这段记忆深刻的体验,成为我后来“潜能无限”哲学的切身注脚。

唯有你付出的爱和得到的爱永恒

我们一生会遇见许多人,有人陪你走一段,有人陪你走一生。最终所有人都将老去,所有人终将离去,但你曾经付出和得到的爱将永恒。

我17岁那年,跟着父亲在工地上做学徒,晚上和父亲睡在一张床上。他睡外侧,我睡里侧,每次下床都要小心翼翼地从他身上越过去。这个特别的记忆成了我对父亲的永恒追思。还有母亲挑着担子的背影以及“吃西北风也要到大门口去吃”“算计不好一世穷”的谆谆教导,一生萦绕脑际,挥之不去。

记忆深刻的,往往是充满温情的场景和画面。记得四年前的一个冬夜,在东北营口,泡过温泉以后,我被一个同为双子座的朋友拉去看双子座的流星雨。天很冷,我们开着车,在无垠的旷野里,一直等到夜里一点多,终于见到一道道的流星像烟火般划过,久久难忘。还有跟孩子一起放飞孔明灯,在灯罩上写下祝福的话语和诺言,看着灯冉冉升起,渐行渐远，直到消失在天际……那个温暖的场景，在我的记忆中定格成永恒。

所以，爱和亲情可以不朽；创新发明、成就伟业可以永恒。唯有创新、做大事，才能形成深刻记忆，在史册上留下浓墨重彩的一页。

花开花谢，潮起潮落，万物皆流变。如果说这世上有永恒，那就是深刻的记忆！

车建新

怎样强壮细胞

——可以实践的“十二个理论”

我有三个好朋友。

第一位是上海长海医院肛肠外科主任傅传刚教授，他是专门诊断和治疗大肠癌的专家，是中国肛肠学会的副会长，上海市结直肠专业委员会的主任委员。他在国际上很有名，最近几年在美国、日本、俄罗斯、巴西等地作为特邀嘉宾，代表中国做过十多次有关大肠癌治疗的演讲，在中央电视台的《健康之路》栏目和上海电视台的《名医大会诊》栏目做过近二十次的关于肠道健康的访谈节目。

第二位是上海长征医院的王金林教授，他是专门研究细胞的。他到美国的国际卫生会议上做过两场演讲，在中央电视台的《健康之路》栏目也做过两次专访。他对细胞的研究已经位于世界尖端水平。

第三位是深圳的徐教授，他是专门研究中医经脉和血液的，就是血液系统和经脉系统。

他们三位和我的私交非常好，近五年中我们经常在一起聊天，我经常向他们提问，逐步得出了一个我自己的细胞理论。我自己号称，学了我的“细胞理论”之后，再注重实践，可以延长寿命15年。

一、了解细胞

人，看上去比较强大，但要是将他分割开来，也很脆弱。人其实都是由细胞组成的。我们身上所有的东西都是细胞拼出来的，包括肌肉、皮肤、血管、五脏六腑……细胞是构成人体的基本单位。我们吃饭也好，保健也好，运动也好，休息也好，都是在为细胞服务。

骨头也是细胞拼出来的，不吸收钙，骨细胞就没有强度。神经也是细胞拼成的，像电线一样长长的，连通全身，用于传达信号。构成我们肌肉的细胞是长条的，像缆绳一样，一丝一丝地组合在一起，这样就有拉力了。

人体神奇在哪里呢？就是几乎每一个细胞都由血管供给营养和氧气，否则细胞就没有办法存活。血管分为动脉血管、毛细血管和静脉血管。心脏内的血液通过动脉血管进入毛细血管，在毛细血管内血液与血管周围的细胞进行物质交换，血液内的营养物质进入细胞，而细胞内的垃圾进入血管，带着垃圾的血液再回流到静脉，最后回到心脏。《黄帝内经》的核心思想就是：所有疾病都是因为血没有输送到位，所有健康法门都跟血液循环有关。

二、认识细胞

细胞是有机体，是人体结构和功能的基本单位。人体大约有40万亿～60万亿个细胞，细胞的部位和功能不同，其形状也不尽相同，有圆的、方的、长的、扁的，大部分细胞的直径为10微米～20微米。

尽管人体细胞的形态和功能不同，但在结构和组成上大部分很相似，新细胞是由已存在的细胞分裂而来。细胞吸收需要的营养和氧气后变得强壮，身体需要时可以分裂性生长，一个变两个，两个变四个。衰弱的、差的就会死亡，被淘汰掉；强壮的、好的则留下来，完成新陈代谢。

与人的生老病死一样，每个细胞都有一定的生存期，到了一定的期限就会自然死亡。大部分细胞生存期为100～200天，一般情况下代谢越旺盛、越容易受到损伤的细胞生存的时间越短。胃肠黏膜细胞的生存期只有3天左右，血液中的白细胞有的只能活十几天，皮肤细胞生存期为200天左右，肝细胞生存期为500天左右，而脑与骨髓里的神经细胞的生存期有几十年，同人体寿命几乎相等。心肌细胞和神经细胞类似，不是分裂性生长，而是吸收性强壮，生存期很长。

人体的许多疾病是因为细胞机能失常引起的，如果能维持细胞的营养均衡，氧气充足，血流畅通，细胞就会不断地新陈代谢，那么人活到90岁、100岁都不会有问题。

我们身上有两种重要细胞：第一种是红细胞，又叫红血球，形状像一个个小的圆盘一样，存在于我们的血液中，有20万亿个左右。它们像高速公路上的卡车一样，负责从我们的肺里装载好细胞最需要的原料——氧气，然后运输给身体的每个细胞使用。红细胞中含有血红蛋白，所以血液呈红色。血红蛋白中有铁元素，所以贫血的人宜多吃含铁丰富的食物来补血。血红蛋白能和氧结合，因此红细胞能通过血红蛋白将吸入肺泡中的氧运送给组织，将氧交给细胞后，又会与组织中新陈代谢产生的二氧化碳结合，将它们运到肺部，排出体外。

红细胞的生命周期是多久呢？120天左右（平原地区）。当血液中的红细胞和血红蛋白的数量减少到一定程度时，就称为贫血，这时我们的组织和细胞就会缺氧，人就会感到没有力气，缺乏精气神了，就像汽车没有了汽油或汽油里掺了水，开不动了，脸色也会变得苍白。

第二种是白细胞。白细胞是我们身体内的“警察和武装部队”，负责消灭外来的敌人，清理血液和组织内的垃圾，保护人体的各个系统。白细胞的生命周期为7～14天。正常情况下，我们的胃肠道和皮肤等一直要与外界的有害细菌接触，人体的口腔和体表随时随地都会有细菌产生，之所以不会生病、感染，就是因为有一支非常强大的“武装部队”在时时刻刻地保护着我们。如果在哪个部位细菌过于强大，而我们的部队没有压倒性的优势，就会在这里发生激烈的战斗。它的另一个任务是清除体内的衰老细胞和变坏了的细胞。这些坏细胞如果在刚开始变坏时就被清除，我们的身体是不会出现问题的。如果它们进行了伪装，让我们的“武装部队”无法识别它们是坏蛋，它们就会肆无忌惮地无限繁殖生长，最后甚至将我们的“武装部队”打败，导致人死亡，这就是我们常常说的癌症。

无论是红细胞还是白细胞，都是由我们的骨髓生长出来的，然后在血管里流动。多锻炼可以让血液流动速度加快，毛细血管扩张，到达组织的通道就会变得通畅，红细胞和白细胞就容易到达各个部位，就可以清除淤塞、杀菌化瘀。

三、认识五脏六腑

我们的五脏六腑就像中央政府的各个职能部门，各司其职。

心脏，我们的心脏就像机器的发动机和高压泵，负责将血管里的血液泵到它们应当到达的地方去。如果我们的心脏出现了问题，高压泵的压力就会降低，血液就不能被泵到距离很远的末梢毛细血管，就会出现血液的淤积，细胞就不能尽快得到所需的养料和氧气，代谢产生的垃圾也不能被及时地运走。人为什么要运动呢？运动其实就是为了让我们的血泵的流量更大一点儿，冲击力更大些。随着年龄的增长，心脏功能减弱，泵血量也在逐渐减少。血是我们整个身体的输送带，血里面承载了很多东西，比如红细胞、白细胞、营养、水、氧气……它们会随着血液流到每一个细胞去。如果泵的力量不够，血泵不到毛细血管的端头，部分细胞就没有东西吃，长此以往，就会提前衰老和死亡。

肺，是负责吸收氧气、排出二氧化碳的。它不停地扩张和收缩，通过我们的气管和支气管将氧气吸入肺内的几亿个很小的肺泡内，然后将氧气转到血管里，由红血球承载后送到组织和每个细胞；红细胞在组织内将氧卸载后装上二氧化碳，再运到肺泡内，通过呼气将其排出体外。空气中的污染，会增加肺的负担。吸烟，也会增加肺的负担，加剧对肺的损害。

胃，近端连接食管，远端连接小肠，就像我们常见的混凝土搅拌车。胃壁有五层结构，最内一层是黏膜，可以分泌很多消化食物的酶、胃酸和液体，最中间是肌肉。食物进入胃以后，胃壁的肌肉一边蠕动，黏膜一边分泌酶和胃酸，将我们吃下的东西和这些消化酶搅匀进行化学消化，同时一点一点地传送到远端的小肠内。

小肠，是我们体内最为重要的吸收营养的场所，有5米多长，表面有一层像珊瑚虫一样的绒毛。当我们吃的鸡、鸭、鱼、肉、蛋、蔬菜、水果等食物进入小肠时，大部分已经被我们的消化液分解，由原来的动植物脂肪、蛋白、多糖变成基本的脂肪酸、氨基酸和葡萄糖，这些成分渗入厚厚的绒毛内，被绒毛上的细胞吸收，通过血管转运到肝脏。

肝，是我们体内最重要的加工厂和解毒车间。我们吃下的所有东西在小肠被拆解后，变成营养成分，经过血管被运送到肝脏，在这里经过肝细胞的加工变成对我们机体无毒、能够使用的原材料，再被送到各处的组织和细胞去使用。如果我们的肝脏出现问题，这些东西得不到肝脏的解毒和处理直接跑到全身的血液里，就会出现中毒症状。如果我们吃的营养太多，超出肝脏的处理能力，也会对肝脏造成损害，形成脂肪肝。我们喝的酒、蔬菜上的农药残留等，都需要通过肝脏解毒，解毒以后再通过肝将营养输送到血管里，流到全身。所以，少喝酒能减轻肝的工作负荷。

肾，相当于污水处理厂，它与我们的血管相连，内部充满毛细血管，在毛细血管的部位分布有众多的像滤水器上的滤膜一样的结构。当血液流经此处时，我们机体多余的水分、代谢产生的废物，例如尿素、肌酐等，就会通过滤膜形成尿液，通过输尿管进入膀胱排出体外，起到不断地循环过滤排毒、保持机体健康的作用。如果我们的肾脏出现了问题，多余的水分和毒素就不能及时地排出。

脾，有滤血、清除衰老血细胞等功能。

四、细胞需要吃什么

人要吃饭才有力气，才能生存，我们的细胞也同样需要有营养的支持才能健康地存活。那么细胞到底要吃些什么?

第一个是氨基酸。我们机体组织的主要结构，包括肌肉、神经、内脏、皮肤等，均是由各种蛋白质组成的，而各种蛋白质又是由不同的氨基酸组成的。就像我们的城市是由许许多多的建筑构成，而各种建筑又依靠各种钢筋、水泥构成一样，氨基酸是我们人体结构最基本的成分。我们人体所需要的氨基酸一共有20种，其中有12种我们的机体可以自行合成,所以即使我们吃的食物中没有也没有关系。但还有8种氨基酸需要从我们所吃的食物中直接获取,叫作必需氨基酸。我们吃下各种食物后,其中的蛋白质在小肠中被分解成氨基酸,小肠细胞会根据身体的需要有针对性地将其吸收到肝脏,去合成我们所需的蛋白质。

第二个是脂肪。它是我们细胞和组织的重要组成部分。比如,我们的皮下就有一层厚厚的脂肪在保护我们的肌肉和组织;我们的细胞膜上也有很多脂肪,没有这些脂肪细胞就无法生存。脂肪也是我们机体中重要的能量储备,许多北方的动物夏天会吃很多食物,在身体内储备很多的脂肪,到了冬天没有食物吃的时候,就通过消耗这些脂肪产生能量。我们食物中的脂肪包括植物脂肪(豆油、花生油、橄榄油等),它们都是天然的,属于不饱和脂肪酸,对我们的身体更加有好处;另外一类是动物脂肪,存在于鸡鸭鱼肉蛋中,这一类脂肪大多是饱和脂肪酸,如果我们吃得太多,就会出现高血脂、脂肪肝、高血压、心脏病等,而且也会有更高概率得大肠癌。

第三个是碳水化合物,也就是糖。糖有很多种,包括多糖和单糖等。多糖主要是各种植物的结构元素,但是我们的细胞和体内也有许多糖的成分。我们最熟悉的单糖就是葡萄糖,它是我们细胞最为重要的燃料。我们吃了许多食物,尤其是五谷杂粮、蔬菜、水果后,组成它们的多糖在小肠中被降解为单糖,然后被小肠吸收,在肝脏中合成细胞需要的葡萄糖,供我们的细胞使用。一旦我们吃的东西太少,就会出现低血糖,细胞没有了燃料,人就没有了力气。

第四个是维生素。这个名字是从西方过来的——叫“维他命”,维持生命的元素。目前所知的维生素有20多种,分为脂溶性维生素和水溶性维生素两类。前者包括维生素A、维生素D、维生素E、维生素K等,主要存在于动物性食物中；后者有B族维生素和维生素C，主要存在于植物性食物中。水果蔬菜里面含有很多的维生素，是细胞要吃的很重要的食物，许多细胞的病变就是缘于维生素的缺乏。维生素是维持细胞功能的很重要的元素，像口腔溃疡，就是缺乏维生素的表现。

第五个是矿物质。人体内需要50多种矿物质，矿物质是我们细胞合成中很重要的一种元素。盐就是一种矿物质。在一万多年前，人类是不知道吃盐的，那时候的人只活二三十年。人不吃盐会短命，但盐吃多了对身体也不好。

各种矿物质在我们的体内发挥着不同的作用。例如，钙是构成骨骼、牙齿的必要元素，就像水泥是构成大楼的重要成分一样。骨骼内的钙少了，骨骼就没有强度，小孩就会出现软骨病，站立久了就会出现罗圈腿；老年人骨骼内的钙减少了，就很容易断裂。钠、钾、钙、镁等是维持细胞功能的重要元素，是体内各种信息传导所需的物质。人体的所有活动都要依靠神经进行信号的传导才能进行，神经就像电线一样，将大脑与所有脏器连接起来，大脑想把右手抬起来，就会通过神经将命令传给右手的肌肉，然后右手的肌肉就会收缩，抬起来。这些信号的传递需要神经细胞表面的电解质的变化来进行，一旦电解质的浓度发生了改变，这些细胞的活动就无法正常进行。例如安乐死，其中一个很简单的方法就是往血管里注射高浓度的钾，血液中的钾浓度一旦过高，心脏肌肉的信号就无法传递，心脏就不能正常地收缩，会立即停止跳动，人也就死了。

另外的一些矿物质虽然在体内的量很少，像磷、锌、硒等，但对促进细胞及神经系统功能和肌肉收缩至关重要。农作物也吸收矿物质，只是它们的量比较小而已。农作物吸收矿物质之后，作为食物被我们的身体吸收。矿泉水中的矿物质含量更有利于人体吸收。有一种矿物质对预防癌症有较好的作用。江西宜春有个县,那个地方山上的水、温泉含硒量比较高,那儿的人极少患癌症。矿物质硒对身体有益。我关注硒10多年了。央视和国内外各类专家都认为硒对身体好,身体不能缺硒。杏仁、芝麻、红薯、深海鱼中都含有硒。

第六个是水。细胞的组成中80%左右是水。我们所有活动的前提是细胞要有充足的水分,没有充足的水分,细胞的功能就无法正常运行。我们经常看到有些人在特殊的情况下7天甚至一个月没有食物吃,仍然活了下来,前提条件就是虽然没有吃食物,但一定要有水喝,否则几天人就会死亡。

第七个就是氧气。我们吃进去的食物,只有在细胞有氧的情况下才能变成能量被细胞利用。就像汽车光有汽油是不行的,一定要有氧气,汽油才能燃烧产生能量。我们的大脑只要缺氧7分钟以上,就会出现功能紊乱,缺血半个小时以上就会死亡。氧气和糖燃烧排出二氧化碳和水,这样细胞就强壮了,就能够发挥各种正常的功能。

五、为什么有些菜我们喜欢吃,有些不喜欢吃

为什么洪韶光教授讲吃东西要杂?红的蓝的白的黑的,五谷杂粮,鸡鸭鱼肉蛋。因为各种食物的成分是不一样的,而我们的身体需要各种各样的元素才能正常地运转。包括氨基酸,一共有20个品种,其中有8种是不能合成的,一定要由吃进去的食物来提供。只有什么都吃,才能达到营养均衡,保证全面的营养。

另外,我们的口腔、消化道里的酶,以及口感会有一定的记忆,尤其是小时候的饮食习惯,会让我们产生记忆,所以北方人喜欢吃面食,南方人喜欢吃大米,印度人喜欢吃咖喱,美国人喜欢吃牛排,日本人喜欢吃寿司和生鱼

片。餐前来一点儿开胃菜，可以刺激口腔分泌出酶，这样品尝菜肴会更有味道。其实人吃得杂后，对食物慢慢咀嚼，对各种食物也会慢慢喜欢的。有人认为，喜欢吃哪种就是缺哪种，这是错误的。我们越是不喜欢吃的，才越缺。

每次餐后要漱口，并喝三小口水洗一下咽喉与食道。细菌是没有爹妈的，可立即繁殖。只要有食物残留在口腔或食道里，立马就会滋生细菌。比如说晚上忘了刷牙，第二天早上口腔里就会有10亿个细菌。

吃饭不要趁热吃，食道适宜的进食温度是10℃～40℃，耐受高温不超过60℃。一旦食物温度超过65℃，便足以烫伤食道黏膜，时间久了，就会诱发食道病变。平时我们洗澡，60℃的水温感觉烫得很，是因为皮肤神经的敏感度强，但咽喉神经的敏感度差，被烫伤了也不知道。所以，热食、开水等，应该放置几分钟，等温度降到60℃以下再吃或喝。

什么叫山珍海味？

山珍，就是天上的飞禽，地上的走兽（野生、放养的动物）。它们飞到哪吃到哪，走到哪吃到哪，吃虫、吃草、吃谷物，吃得很杂，所以氨基酸全面，矿物质（微量元素）丰富，味道鲜美。

海味，就是海里的鱼、虾等。大海无风三尺浪，海水流动大。鱼是游动的，四海为家，游到哪吃到哪。大鱼吃小鱼，小鱼吃虾米，食物链也很杂，海里的矿物质也比较丰富。所以，吃得杂，才成了海味。

如果把人体比作一部机器，我们人吃的蛋白质就就相当于机器的零部件；糖、脂肪就相当于汽车用的柴油、汽油，维生素和矿物质就相当于机油。如果缺乏氨基酸或者氨基酸的种类不全面，机器的零部件就难以维护和更新；缺乏糖和脂肪，就没有了动力；维生素和矿物质不全面，人体这部机器就无法正常运行。

身体无论哪个地方出问题，都是细胞出了问题。比如说心脏病，主要是我们的血管壁内垃圾增多，血管壁肥厚了(营养过剩，脂肪堆积，血脂增高淤积在血管壁上所致)，血管阻塞、不畅通。我们的血管狭窄了，供应心脏等重要器官的血流就减少了，就会引起心肌缺血，引起冠心病，甚至发生心肌梗死，导致人突然死亡。如果为大脑供血的血管变窄了，就会引发脑梗死(中风)，导致人发生偏瘫甚至死亡。我们的血管变硬的原因有两种：一种是油脂吃得太多，导致血脂过多；另一种是运动量少，导致血脂消耗得少。血管变硬了，弹性就会下降，引起高血压病。如果血管硬化很严重，再加上严重的高血压，就容易发生大血管爆裂，导致人突然死亡。

肚子上有脂肪，所有毛细血管里就有脂肪，五脏六腑的毛细血管里也都有脂肪。因为人的五脏六腑的机能全都是由毛细血管输送的。脂肪肝就是肝的每个毛细血管里都有脂肪，这样肝的解毒功能就削弱了，毒素就会对肾和身体其他部位产生毒害。

人患癌症的原因有多种：第一种是细胞变坏了；第二种是"武装部队"的能力下降了，细胞免疫力不强，不能及时地发现或消灭这些变坏了的细胞。

六、细胞如何才能强壮

日本是目前世界上最长寿的国家。日本女人的平均寿命是86.4岁，日本男人的平均寿命是79.6岁。

日本人长寿最主要的原因有两个：

第一是饮食。日本人吃菜品种多、数量少、不油腻。我吃过日本新干线的快餐，有28个品种，每样一点点，做得很精细。日本老百姓家里做的菜也是这样，黄瓜就两块，而且比饭店做的菜品种多。他们的民间饮食习惯是每天吃30种左右的食品，而且三天内尽量少吃同样的食品。此外，日本人吃海产品、豆制品比较多。

平时不喝含各种矿物质的水，细胞就缺乏各种矿物质，细胞需要50多种矿物质；平时不吃各种水果，细胞就缺乏各种维生素，细胞共需要60多种维生素；组成蛋白质的氨基酸有22种，细胞不摄取各种氨基酸，五脏六腑细胞需要的氨基酸就不全。

第二是运动。日本人走路都很快，这是以前养成的习惯。以前的日本人腿都很短，加上工作压力大，所以走路都很快。

再有，日本人爱洗澡，爱泡温泉，这对健康大有裨益。

七、人为什么要运动

人为什么要运动？首先，人先天具有运动的基因。人类在漫长的400万年进化历程中，399万年其实是打猎的猿人，他们既要追捕动物作食物充饥，又要逃避虎狼等凶猛动物的袭击，所以人的特性是时时要奔跑，生命里植入的运动本能，也正是生存的基础。同时，运动可以提高心率40%～60%，让血流大量流到末端细胞，并可以放松全身神经，愉悦心情，还可以释放荷尔蒙修复细胞。

所有运动，不管是走路、跑步，还是打羽毛球等，目的只有一个——提高心率。运动之后，人心跳的频率可以升高40%～60%。心跳得快，血供应量大，冲力大，就可以冲到我们的毛细血管。对于一个体重60公斤的人来说，为什么心脏能用区区1.2瓦的输出功率把血液输送到全身每个角落、每个细胞？

现代中医学有一个革命性的发现：血液能够被输送到全身各处，不是因为血液的动能或血液自身的重力，而是因为心脏和全身各脏器存在共振频率。

气即共振。老子说“静听心音”，如果我们胳膊摆动、步伐迈动等频率与心率产生共振，人体就相当于多了若干个心脏马达。

肌肉相当于人体的“第二心脏”，运动的时候，全身的肌肉都在收缩和舒张，肌肉的一紧一松可以反复挤压周围的血管，从而促进血液流动和血液循环。走路要脚尖先着地，脚跟后着地。小腿肚相当于人体的“第二心脏”，其肌肉的松紧张弛，可以促进血液循环。小腿肚的肌肉越发达，辅助功能越强。此外，脚尖先着地可以减轻对膝盖的冲击，起到保护膝盖的作用。

我们身上的毛细血管也是容易堵塞的，先是淤，然后就是堵，这样各种营养物质就过不去。细胞如果没有营养物质的补充，功能就会越来越差，进而加重淤堵，形成恶性循环。

人体就好比一座城市，有无数条纵横交错的马路来维系交通，如果有关键的路堵住了，整个城市的交通都会受影响。经络可以帮助我们的身体排毒、疏通血液等，一旦堵塞，百病缠身。所以说，世上本无病，只是瘀和堵。

堵在心脏——叫梗；堵在毛细血管——叫瘤；堵在子宫——叫肌瘤；堵在乳腺——叫增生；堵在脸上——叫痤疮；堵在腿上——叫曲张；堵在颈部——叫颈椎病。堵在肝、肺、胃、肠就会积淤成疾，特别是肝，一旦淤堵，就会影响人体的排毒功能，导致疾病。糖尿病、尿酸高、高血脂等，都是由于肝的淤堵造成的。

中医上讲“一通百通，一堵百堵”，经络有很多的气节点堵塞，疏通后则会一点点将经络的气节点化解、疏散，并将废物排出体内，从而百脉通，除百病。

血管淤堵的主因是血脂。血脂含量过高时，就会堆积在血管壁上，导致血管壁增厚，血管的弹性下降，对血液流动造成阻碍。这就好比血管外套了血管，正是脂肪造成的隔膜，那么血管的细胞就得不到营养。五脏六腑的血管都是最末梢的血管，是血液难以到达的地方。大脑的血管壁更薄、更细小，又是弧形的，一旦被堵塞，就会钙化、硬化，形成脑梗；一旦破裂，就是脑出血。细胞所需的营养、氧气、白细胞被挡住了，其他器官可能还觉察不到，但大脑会立即反应，它是人体的中央职能部门，坏死就是一条线，是整体性的危害，中风就是指挥系统的失灵。细胞没有东西吃了，代谢物又不能及时运走，免疫系统自然得不到保护，自动修复功能也就丧失了。

如果把血管比作高速公路，那么血脂就是高速公路上的石子，严重威胁着交通安全。所以说，血脂是万病之源，会引发高血压、糖尿病、癌症、心脏病、中风等疾病。

为什么说我们的内脏容易生病呢？内脏体系的血管是绕弯的，血流没有外部器官的血流畅通。此外，我们的手脚都在外面，是血管的末端和神经的末端，手脚摆动，可以促进血流，而内脏难以做到。再有，肝脏经常受到酒精、毒素的伤害；胃经常受到刺激和霉变食物的伤害；肺经常受到香烟、汽车尾气、油烟、甲醛等的伤害……所以，内脏容易病变。

五脏六腑容易得癌症，原因之一是血流量减少。我们的心脏是闭着眼睛送营养的，把营养送到哪算哪。血流是走捷径的，哪里路远阻力大，就送不到那里。比如，我们常见的老烂腿，由于得了糖尿病，全身的血管壁增厚，里面垃圾多了，血管就会阻塞，尤其是小腿、脚和手，血管路途很远，阻力又大，血送不过去，就会出现手指和脚趾的坏死。

血流的特点是喜欢走熟路、走老路，只要没有特殊因素干预，它总是按常规路线、既定路线走。这样就导致血液常流经区域的细胞营养供给过剩，而五脏六腑、脸部等细胞营养匮乏，细胞吃不到营养。白细胞也过不来，就无法杀菌消炎。

如何解决这一问题？其一，加大运动量、提高心率，诸如散步时带点小跑，使每分钟心跳达到120～150次，目的是使心脏泵血更有力，血流量更大，可以冲到血管末梢和边边角角。此外，在小跑时，身体宜左右稍作晃动，旨在促进内脏的抖动，加速内脏中的血液循环。其二，多平躺休息。平躺时，血液不需要爬高，慢慢渗透，更容易输送到身体的边缘、犄角，实施资源调配，使得营养分布更均衡。

白细胞有三个用途：第一个，它就像我们的警察和武装部队，找到坏细胞；第二个，相当于执法部队，把坏细胞杀死；第三个就是保安，把坏细胞拖走，清除掉。

白细胞的任务，就是时时刻刻发现、识别和消灭敌人。我们为什么运动？就是为了让更多的白细胞可以开到阵地上去。白细胞通常有一种附壁现象，运动可以使其从血管壁脱落，从而使更多的白细胞加入战斗行列。就像马路上的交通警察，如果都待在岗亭内，那么交通秩序就不会好。如果他们全部到马路上，可以大大提高交通秩序。同时，运动还使血管扩张，相当于把道路拓宽，可以让氧气、营养流动，这样身体就好。

八、人为什么要退休

当身体的整个功能衰退，其实我们的细胞还没完全衰退，但是有的地方的细胞会先衰退，在哪呢？

第一个是我们的心血管。由于血液中的脂类及糖类物质在血管壁上沉积,血管会变窄,这和下水道的堵塞类似。再有,心脏血管的动脉硬化,早在青年时期就已经开始。当然,血管只有狭窄到一定程度或是合并急性血栓形成时才会有明显症状。

这就是一种衰退。

第二个是大脑细胞,动脑少了,大脑神经工作少,得不到锻炼,会衰退。动脑,血流就会加快。比如说测谎,就是测大脑的血流,血流快就是在撒谎。

第三个,也是最大的衰退——心脏的衰退。我们的心脏一直在搏动,心脏从小孩子生出来一直工作到人们年老死去,这个力量是很大的。20岁的女孩子脸为什么红嘟嘟的?因为每一次心脏打血都能打到皮肤边上,心脏功能好。

心脏功能弱,加上血管狭窄,没有足够的血流量,就打不到边上,很多年纪大的人手和脚就冷。年纪大了,身上的边边角角就打不到足够的血,打不到血就容易生病。一旦打不到血,氧气过不去,白细胞过不去,水分也过不去,风一吹脸颊就干。

50岁以上的人,手比脸漂亮,因为手常动,供血充足,形成代谢,有血、有水、有营养过去。脸部营养不足,细胞死了,新细胞不补充,就老化了;经常按摩,老皮就会减少。女孩子要漂亮,最重要的是按摩,增加血液循环。按摩,就是增加血流,提高新陈代谢,促进新细胞产生,皮肤就白嫩了。

男人也要用护肤品。护肤品可以吸收空气中的水分,使皮肤保湿,从外部供给面部皮肤水分。此外,护肤品会在皮肤上形成油膜,减少皮肤的水分蒸发。

我们晒太阳，脸是一定不能被晒到的，一定要保护好。中国人大多数只是晒脸。其实，外国人晒太阳，去吸收太阳的能量，更多晒的是身体，譬如穿着比基尼，穿着背心短裤，脸却是保护着的。所以，晒太阳一定不要晒脸，后脑勺和背都是可以晒的。自驾开车族也一定要注意，早上上班由西向东开就隔窗晒全脸，由北向南开就天天隔窗晒左脸。下午下班由东向西开，就是隔窗晒全脸；由南向北开就是隔窗晒左脸。美国有位妇女开车上班很多年，由于太阳每天隔窗晒，结果被晒成了阴阳脸，一边是40岁的脸，一边成了60岁的脸。

男人女人都要做面部按摩、敷面膜，可以促进面部血液循环和补水，还可以静休。我有个面部补水新办法：早上先洗脸，往脸上泼点水，泼湿即可，然后刷牙，再往脸上泼点水，接着吃早餐，之后还要往脸上泼些水。早餐中间也可再泼水，早餐后泼完水，涂很多的面霜，穿正装准备上班。晚上回家先洗脸，有空就往脸上泼水，睡前洗澡先洗脸，然后洗头，洗好澡后再泼水在脸上，睡前可再泼一至两次，然后涂很多的面霜睡觉。热水泼脸很舒服的，如流到眼睛里，就用毛巾或干净的手擦一下。当然，泼水热冷交叉效果更好，先用热水再用冷水，最后一次一定要用热水，热水最好更热些。按摩、补水、面霜对脖子同等重要哦，因为很多人只关注脸不关注脖子。有位60多岁的女名人，脸保养得非常好，但脖子非常老。

九、人为什么会累

人累最主要是因为氧气不够，细胞的垃圾产生得太多而没有得到清理。我们工作的时候，是屏住气，呼吸就会减少，肺的用量小，氧气就不够。再有，大脑用氧量极大，如果占据过多，其他器官供氧就不足。人在工作时,心脏的跳动是加快的,营养过去了,细胞吃了,但没有吃到足够的氧。细胞馋得很,只要有新鲜血液,它就会马上去吃。没吃到氧气,缺氧分解有机物就会产生乳酸,使肌肉有酸疼感,从而使人感到疲劳。此外,体液偏酸,细胞的作用就会变弱,它的新陈代谢就会减慢。

为什么睡觉好呢? 睡觉的时候体力的消耗大大减少了,细胞也可以好好地休息,准备活动时需要的能量,醒了以后就有精气神了。就像我们的工地不能一直不停地开工,干到一定的程度就需要停下来一段时间,清理一下垃圾,补充一些材料,这样再干时工作效率就高了。睡觉时平躺,帮助心脏打血,一打就打到端头了。休息时最好闭起眼睛,身体保持安静,用氧量就会减少。氧气至少有20%是供头脑使用的。眼睛闭起以后,头脑的用氧量马上减少,氧气就可以供给其他需要的地方。

十、生活为什么要有规律

吴孟超院士(东方肝胆医院院长、博士生导师)经常说,适量运动、营养均衡、生活有规律是健康的基石。按时吃饭、睡觉、起床,有规律的生活,能够使身体的交感神经和迷走神经(又称自律神经)进入自动运营状态,无须大脑的意识神经来指挥,这样对健康大有益处。此外,人体内的酶和其他物质,也是根据生物钟来调节的。有规律的生活,可以使人体的生物钟准时准点,不至于紊乱。

健康的另外一个关键要素是姿势要端正:坐如钟、立如松、走如风……这不是仪态的问题,而是一个养生的问题。因为正确的姿势才能保证脏器的协调共振,有助于血液循环。

人到一定的岁数,还要养成定期体检的习惯。检查身体有三个步骤：第一步是基础体检，普通的血常规、心电图、B超、尿检、验大便、验血等。第二步是CT、磁共振检查，那就要拍头、心、肺、大脑、肾、前列腺、乳腺、子宫等，要叮嘱医生，影像一定要切得薄（约一厘米以内），这样才能发现很小的癌症肿瘤及结节（小肿瘤）。第三步，人到50岁，一定要做胃镜、肠镜的检查，如果没有息肉，隔3～5年再检查；如果到了60岁，做胃镜、肠镜仍没有发现息肉，每隔2年还是要复查一次。

十一、人为什么要休息

先讲一个故事。2006年，我去土耳其，买了三天后的回程票。接待我的老外请我吃了一顿饭，当天谈完事就先走了。我走不了，只好在一家临海宾馆住下。因为是第三次去土耳其，不想出去逛了，就在房间待了三天。由于时差，早上睡不着，吃完早餐，散散步；电视看不懂——我连英语都不会，更何况土耳其语，只好看看窗外海景。就这样被迫安安静静休息了三天。那次乘飞机回来，一点儿也不累。第二天上班，我像蓄满能量的电池一样，浑身都是劲。

从这件事中我感悟到，休息太重要了！

2007年，我岳父有肝硬化，他人很瘦，只有117斤，找了个朋友到中山医院换肝。手术后隔离休养，不准探视。9天后我去探视，岳父含着眼泪问我，他是不是不行了，因为他体重急剧下降，降到了102斤。我问医生是什么原因，刚开始不知道，问了很多人，最后才明白，所有开大刀的人，都要瘦十几斤。因为大休期间，人体自己在调节，存在体内好的营养会被运输到需要的部位，内部调配和消耗很大，所以会瘦。

拿楼板打个比方。楼板有自重和载重，人有内消耗和外消耗，我们即使不干活，自己也有消耗的。人在休息的时候，我们的外消耗基本上就很少了，内消耗的供应就充足。休息，就是为了让营养和氧气更多地供给内脏系统。

休息时，只有内消耗。休息时，自己在调节，把自己多余的营养调到需要的地方去，调节的能力是非常强的。每一周，完整休息1天；每两周，连续休息2天；每四周，连续休息3天；周一到周五的晚上，是身体恢复；周六白天休息1天，晚上休息时身体会启动一级调配；如果继续休息，周日晚上会启动二级调配；第三天连续休息，会启动三级调配。

按时起床，才能按时睡得着。每天不按时起床、睡觉，就会天天倒时差，昏昏沉沉，反应迟钝。周六周日要和周一到周五一样准时醒来（睡8～9小时），如果周六周日贪睡补觉，生理上就会倒时差，周一到周五上班就会无精打采，身体早晚会出大毛病。

双休日、小长假、大长假要有三分之一的时间卧床休息，这样身体的免疫功能才没有外消耗，细胞就能自动修复。平时卧床闭目养神（尽量不睡着，最多小睡一会儿，不然晚上睡不着）连续休息，身体里的资源自动调配机制就会启动，营养搬运配置就到位。卧床休息才是最好的白细胞修复方式，白细胞才会化淤积，才能把细菌和初生的癌细胞全部杀死。这两种方式能使身体自愈。生了病才要卧床休息——这是很多人认识上的误区，其实平时也要注重卧床休息。为什么老生病的人反倒不会生大病？就是因为卧床休息比不生病的人多。为何旅游代替不了疗养？旅游主要是放松心情，疗养才是休息。所以说，卧床休息才是真正的养生。

50来岁的人，中午一定要休息。为什么？年龄大了以后，我们的细胞功能也跟着减弱了，合成能量和清除垃圾的能力也大不如以前，定期休息一下可以让我们的细胞有一个喘息的机会，把能量储存好，也让我们的“武装部队”得到休息和调整，人就又精神了，我们的免疫系统也就更有力量去发现和消灭坏蛋，生病就少了。平躺时消耗比较少，血管里的血也容易供到大脑，大脑里的血就会变得充足。中午要闭目养神，打个盹。坐车的时候，最好也能闭目养神。据说李嘉诚每天3次闭目养神，每次10分钟。

60岁之后，中午要休息一小时左右；70岁之后，中午要休息两小时左右。出差坐飞机或火车是很累的，可以在宾馆多休息两小时；旅游时，可以在宾馆多休息半天。

有很多老红军，长征时浑身是病，后来却能活到八九十岁，就是因为后来休息、调养得好。

人身体不舒服，要以休息为主。休息养病比运动消耗更大，等身体好了，再多运动，运动与休息相结合。

十二、人为什么要保持心情愉悦

心态好、心情好，细胞就好。当我们处于愉悦的心情时，人体细胞呈现出放松、自然的最佳状态，新陈代谢旺盛。我们在运动、放松的时候，细胞就会放松。细胞放松后，就会分泌出内啡肽荷尔蒙，可以松弛神经、降低血压、增强免疫功能。这对人体是有益的。

人们把内啡肽叫作“快活荷尔蒙”，内啡肽可以使我们愉悦、宁静、长寿，还能提高我们的免疫力、记忆力。人心情的好坏，同大脑内分泌的内啡肽多少有关。反过来，人的愉悦感、轻松感、成就感能够增加内啡肽的分泌。人的成就感能够刺激内啡肽的分泌，所以我们每天都应该有成就感。冥想、静坐、瑜伽等“修行”，可以提高内啡肽的分泌；家庭和睦，夫妻恩爱，也可以提高内啡肽的分泌。

当我们心情不好的时候，或者愤怒的时候，身体里的细胞就会紧张、混乱，整个细胞紧绷着，新陈代谢就不正常，然后就会分泌出肾上腺素，肾上腺素分泌过多对人体是有害的。肾上腺素被叫作“痛苦荷尔蒙”。当我们处于神经紧张、焦虑不安的状态时，人体会分泌肾上腺素，导致血管压力上升，加重心脏负担。同时，还会导致气血不畅、供氧不足，使得细胞机理紊乱，对人体健康的伤害极大。现代人压力都很大，压力一大，就会分泌肾上腺素，使血管收缩，造成血液循环不良。

例如，一个癌症患者，由于极度紧张，导致细胞紊乱，大量分泌肾上腺素，从而加速病变，癌细胞成倍地增长，加快死亡；而有的癌症患者，由于不知道病情，心情愉悦，靠自身免疫能力就把癌细胞新陈代谢处理掉了，内啡肽的分泌也有助于消灭癌细胞，维护了健康。

人会因为心理活动的变化而产生不同的行为意识。西医学研究发现，在人生气或压抑的时候，会产生一种叫色氨酸羟化酶的毒素(达到一定量，小白鼠都能毒死)，直接影响人的智商及身体健康；中医学则将其统称为情志病，低落、压抑、恐惧、愤怒、焦虑等不良情绪的发生，会使体内产生浊气，耗损健康气血，同时会促使人们为了发泄情绪而不自觉地做出各种损坏身体不同脏腑器官的不良行为，诸如长期饮酒排解情绪会增加肝病发生率，长期熬夜、宵夜来排解情绪则会增加胰腺癌、胃肠癌、脑瘤等的患病率……因此，心理保健是人体健康的一个重要环节，健康的生活方式在人生中有重要价值，自古以来就被人类所关注。

养生不光要关注身体，更要关注心情，因为身心是一体的。如果心情不好，负面情绪积压在心里，不能及时化解，就会破坏身体的免疫系统，攻击身体的器官，这是生病的主要原因之一。

不同的情绪会影响不同的器官：怒伤肝，忧伤肺，恐伤肾，紧张引发肠胃疾病，好强的人容易偏头痛……疾病是身体发出的警报和信号，实际是提示你哪里不舒服。因此，真正爱自己，不仅要住得好、穿得好、吃得好，还要忠于自己的内心，关注身体发出的信号，及时疏解负面的情绪，只有对情绪负责，才能对自己的健康负责。

上海知一林的江雅欣老师讲，中医学中的心理保健思想正在逐渐引起人们的注意。世界卫生组织给健康下的定义是：健康不仅仅是没有疾病，应该是“个体在身体上、精神上、社会上都完好的愉悦的状态”。由于“人类已进入情绪负重的非常时代”，当代社会由精神因素引起的心身疾患已是人类社会普遍存在的多发病和流行病。现在疾病谱系中的各种改变可充分说明精神致病的广泛性，心脑血管疾病和恶性肿瘤已经构成对人们健康和生命的主要威胁，而这些病的产生与社会心理因素有着密切关系。因此，情志保健必须重视，不可等闲视之。

怎样强壮细胞？概括地说，有以下方法：

(1) 让细胞吃全，保障营养供给。

(2) 适量运动，增加血流量，把营养和氧气充分输送到细胞。

(3) 生活有规律，使人体的运行更有序、更健康。

(4) 适当休息可以让人体的资源做更好、更深的调配，让细胞更有效地工作。

(5) 爱心、善良、知足、放松、睡眠、宁静和充足等对神经细胞和全身细胞均有很大益处。

人体有四大奥妙，即四个优先：

(1) 供氧大脑优先，所以我们要经常闭目养神。

(2) 营养制造精子、卵子优先，把好的营养调过去制造，源于人的快乐本能，由大脑直接指挥，优先保障。如果早上用了，白天人体就会调集营养去制造、补充，所以会累。

(3) 外消耗优先。能量首先用于外部，所以我们需要休息，使能量用于内部。

(4) 情人优先。生理上总是对情人优先有反应，所以不能有情人，有情人会导致婚姻不幸福。

车建新

后 记

让我们认识作为哲学体验者的车建新

钱旭东

车建新，大名鼎鼎的红星美凯龙全球家居连锁集团的董事长，曝光率高，影响力也大。不熟悉他的人，只知道他是一个成功的企业家；一般熟悉他的人，则会认为他是一个工作狂。

工作狂是自然的，创业26年，没有疯狂的拼搏与奋斗，怎么能把一个借资600元组建的家具小作坊，变成创造了无数个“第一”的中国家居业一线品牌，并已走进“百Mall时代”呢！他过旺的精力和对事业狂热的追求，众所周知。他的梦想和对未来的执着，在不少员工的心目中已经达到了超激情的程度，他可谓是个不折不扣的工作狂！

可是，更多熟悉他的人发现，近年来他悄悄发生了诸多变化：变得热爱生活了，逐渐开始体验、研究生活了。譬如，他在给员工的培训中，更多把生活哲理注入到工作中；在原本正经严肃的公共场合，他会给来宾大谈传统养生与生命科学；在小范围的茶余饭后，他会对人生与情感的新思维滔滔不绝……也许，他在深谙商道的同时，又悟出了生活和生命的真谛。

我与车建新先生相识已有20余年，之后入职企业，作为其直接下属与之几乎朝夕相处了7年，现在又成了公司的顾问，应该说了解之深、体察之甚，颇为难得。或许早年还囿于工作关系，彼此更多论及企业事务，而今则毫无顾忌地放谈相关生活的各个侧面。办公室对坐也好，出差旅行也好，或者超过一小时的手机通话，主题基本都是对固有职场与生活现象的分析，以及对常规成长和生活理念的思考。

古人云："处处留心皆学问，世事洞察即文章。"从这个意义来说，我不得不佩服他洞察生活、感悟生命的留心、细心和用心。他曾归纳过四项生命的任务，五个生命的指标，以及"九情九欲"的生命，引发出许许多多的奇思妙想，其中不乏生动有趣的故事佐证，这就变成了一种学问，成长的学问，生活的学问。这种学问有没有用？因为它们不是空洞的理论或抽象的概念，它们都是源于他自身的创业经历、管理实践与日常生活的体验和感悟，因此它们是鲜活的、有质地的，是一个成功者生活经验的真实坦言。好几年前，他有些零星小文发表在报纸上，他的一位级别颇高的官员朋友的老母亲居然还把它剪下来，压在玻璃台板下，一定要让儿子看。这是因为他的文章中有独到的见地，引起了那位老母亲的共鸣。

当然，这些学问也来自其他学问触发的思考，这是他越来越爱读书。记得早年他在我家的书柜里取走一本《战争与男性荷尔蒙》，这本书居然成为他事业拓展的精神动力之一。去年，他在旅途劳顿之余，阅读了两本书并与我多次讨论，一本是复旦教授的《寻觅意义》，另一本是俄罗斯哲学家的《人的奴役与自由》。对于一个小木匠出身的企业家，对于一个日理万机的管理者来说，这是多么令人不可思议！但这是真实的。他太爱读书了，尤其是纸面文字。而且他对书的阅读能力、消化能力和吸收能力特别强，举一反三的能力则更厉害。也许有时别人会觉得游离和勉强，但恰恰是这点，证明了他读书是为自己所用、为成功所用的。

基于这些，我动员他把零散的观点或心得记下来，加以整理，供更多的读者朋友交流探讨。借用村上春树的书名《当我谈跑步时，我谈些什么》，车建新先生在商场、办公室、谈判桌以外，在上海西郊的绿地小坡跑步时，他在思考些什么。我以为这些思考，无论对现时仅仅为生存而努力的人们，还是对刚步入社会渴望成功的年轻人，都很受用，很有益，也会让你读得很轻松、很快乐。

《体验的智慧》这本书是车建新先生定的书名，或许正是他自己体验之体验，感悟之感悟。他说，分享生活哲学，一年改变人生。但你要称他"生活哲学家"，他却不肯接受了。他又会说，因为自己是搞家居Mall的，家不仅有硬件，还有软件，那就是生活。要为大众打造品位家居、艺术家居，就要研究生活艺术的哲学，做家居艺术的专家，更要成为生活的专家！那我们该给车建新先生一个怎样的定位比较合适而又准确呢?

日前看到英国的《每日电讯报》刊载：科学家发现大象拥有四种截然不同的性格——领导者、温柔巨人、调皮捣蛋者和辛勤工作者。很巧的是，这四种性格符号几乎都与车建新先生对得上：首先，他是优秀的企业领导者，红星文化中的赏识与激励正体现了他的柔性管理，他那天马行空的思维常常在同“设限”和“定式”捣蛋,但他又是非常勤奋的实践者。在本书完成的今天,车建新还应该再加上“哲学与智慧的体验者”这一符号吧!

相信读过本书的朋友,对车建新其人肯定会有一种比原来印象中更完整、更深入的认识和了解。

2012年9月

注:本文为《体验的智慧》(成长哲学、生活哲学)的后记。

思考生命:正是这一代企业家的精神使命

钱旭东

《体验的智慧》正式出版已经快两年了。这两年中,应该至少有二三十万人成了它的读者,因为从数次加印的册数即能估算出读者数,我也由此听到了许多反馈与好评。概括起来说,最主要的一点就是,目前谈成长和生活的励志类书籍很多,但这两本"智慧",还是很有些"干货"的。

因为那完全是车建新创业至今的实实在在的体验,没有虚话。

有网友问:作为执笔者,究竟哪些是车建新的思想,哪些又是你自己的东西?

我说:体验结晶并成为珠子的都是车建新的,我只不过是线,或者说穿线者。

又有读者问:那后面车建新还会有多少珠子?

我几乎脱口而出:当然会不断有,因为他在不断地思考,无时无处不在思考。但我没想到,他会在思考成长、思考生活的平原上,忽然跃上了对生命思考的山峰。"

有一天，他执意要约见我，见面他就滔滔不绝地同我谈起他对“意觉生命”的发现与思索。他说，人的时间生命与浩瀚的历史长河比，那绝对只是很短暂的一瞬。如果历史的长河是100公里，人的100岁算作1厘米，那1厘米或者0.7厘米与100公里比较，是没有多大差别的。但假如我们希望延长生命，完全可以靠意觉生命来延长……

那一刻，我似乎发现了又一个车建新——当好多企业家还热衷于“成功学”、满足于“生活家”的时候，他已经开始思考和研究“意念觉悟”与“物理生命”的关系，致力由生命的宽度与深度完成对生命长度的超越。

他又说：“人是希望的动物，也是精神的动物。正是这个意觉，让人从原始的状态进化成有精神生活的人。意觉是心智与灵性结合的智慧体验，对生命具有非常积极的意义。”

当时，我深有感触。当然，对生命积极意义的思考和探索，远非车建新一个人的事，而应该是这一代企业家乃至每个生命个体的精神使命！

为什么要思考生命？这听上去像废话，但这恰恰是对生命与人生发问。思考生命，就是正视生命，珍惜生命，完善生命。

就企业家而言，思考人的生命，恰如思考企业的生命一样，如同每个人对自身生命质量修炼的要求不同，对事业的责任心和品质追求必然大不相同。马云曾引用过阿拉伯的谚语：“等一等，让灵魂跟上来。”跟上来干吗？就是静下来作关于生命的思考。而对生命思考的程度，又必然决定了人与企业的价值观。

遗憾的是，还是有那么一批过去的或现在的“暴发户”，仍沉浸在感官享乐的追逐和财富炫耀的虚荣中，那些人把生命误读成了身体。不思考生命，事业生命的发展旅程与结局便终会因脱轨而崩裂，不思考生命的肉体终会因灵魂的丧失而陨落。乔布斯是对生命有着独特的深刻感悟的企业家，他的人虽然已经离开世间，但他的精神或者说他的意觉生命不依然在苹果、在全球的“果粉”中延续吗?

人，不可能没有弱点和缺点，也不可能不犯错误，车建新也不例外。但一个在真正坦诚地思考生命的人，一个懂得并善于探索生命本质的人，会将这种思考和探索的过程变成一种生命的修炼，一种高尚而纯粹的滋养，用以弥补、修正、完善自己的人生。

鉴于此，我动员车建新先生继续把他对生命思考的理念与火花整理出来，把这些非常富有积极意义的体验智慧奉献给读者。于是，又有了这本《体验的智慧·生命哲学》，其中一部分是他有关生命价值的全新思考，一部分是前两本书中与生命相关部分的补充和修订。至于书名，“体验的智慧”毋庸置疑，只是对于“哲学”二字，车建新嫌太深奥，担心是否会疏远了一部分朴实的读者。但我以为，它确实是哲学，且借用哲学博导孙周兴先生的话说：“哲学是最有用的一门学科，你若不信，走着瞧吧!”

那哲学到底有什么用? 孙周兴教授的概括是：第一，“哲学叫人不死”，因为哲学家把生死问题想得很透彻；第二，“哲学让人脑子清楚”，因为哲学是对思维规律和法则的解释；第三，“哲学让人好好说话”，因为哲学本身就产生于对话，也是教人说话的。基于这几点诠释，我想车建新对书名应该是赞同的吧。

孙教授还说：“哲学是一种有高度想象力的思考。”车建新对生命哲学的体验与思考，正是充分调动了他丰富的想象力。

车建新是务实的，每天他在仰望过昨夜的星空之后，更在阳光下脚踏实地地带领他的团队，创造出一个又一个令人惊诧的传奇。因而他的生命哲学完全可以是日常工作和生活的精神营养素，能促进工作创新的灵感迸发与生活和谐的心态改善。

国际组织学习协会(SoL)中国负责人张成林称："当许多人尚在理论的云端漫步时，车先生始终坚实地行走在大地上，他是一个有思想的行动者。"

美国有部大片叫《云图》，导演与制片人是一对兄妹，有人评价他俩是完美合作，因为他们一个是风筝，另一个是放风筝的人——写到此处，我却不禁觉得这两者仿佛都集结在车建新一人身上了：他不既是风筝，又是风筝的放飞者吗?

车建新有写过一篇《天赋论》，文中谈到了"开启天赋的七项修炼"。我们在讨论时，记得他曾冒出一句非常精彩的概括："什么是天赋? 与时俱进就是天赋!"对啊，车建新的成功貌似偶然，其实恰恰是他的学习、他的思考、他的行动、他的与时俱进之必然。

那么，车建新当下对于生命意义与价值的思考，无疑也是中国企业家必须接受的与时俱进的精神使命!

2014年11月再版之际

注：本文为《体验的智慧》(成长哲学、生活哲学、生命哲学)再版的后记。

车建新式的创新思维必能成就三万个车建新

钱旭东

《体验的智慧》(成长哲学、生活哲学、生命哲学)初版问世,已整整六年了。许许多多的读者朋友分享了它,更受益于它。无数反馈信息足表明:成长和生活,都需要车建新式的创新思维。

令人欣喜的是,此书精编的英文版《WORK IS LIFE》作为“中国企业家系列图书”出口的第一本,两个月前已由美国佩斯大学出版社出版,在纽约书展上全球首发,走进哥伦比亚大学等北美图书馆,并得到了中国驻纽约总领事黄屏大使的赞赏和美国各界人士的广泛好评。车建新把书名定为“工作就是生活”,让异国的读者一下子就感受到了中国民营企业家的追求与情怀,因为生命的激情会点燃工作的热情,而工作中所产生的人生智慧,也一定会让生活更美好。

陌生的读者或许会觉得车建新是一个谜。的确,“天马行空”的思维方式与“步步为营”的实干精神在他身上谜一般地组合,也谜一般地绽放——谜底是什么? 那就是车建新这些年无时不在的学习和体验。当然,他也在享受，享受自己分析思考的快感，享受创新果实不断带来的成就感。

车建新常自问：智慧的慧根是什么？他又自答：找到事物的本质，联系事物的因果，总结事物的规律——即时分析是他的慧根，是他的创新之源。于是，他又有了无数灵感的火花、智慧的感悟以及体验中的奇思妙想，特别是他融自身创业以来许多创新思维的积淀与实践，提炼出的车建新“四种创新发明方法论”，既质朴率真又让人醍醐灌顶的宣言式万字长文《三万个车建新》，和作为更新补充了马斯洛需求层次理论的《为什么要自我实现》。他认为，“自我实现会让人从卑微走向高贵，而成就感才是‘高峰体验’之上的自我实现”。

于是，车建新又要求我将原来的《体验的智慧》，重新增删充实，精编一册，旨在把更新、更精、更浓缩的内容，奉献给快节奏时代的读者朋友们。

胡适先生有句名言：“要怎么收获，先那么栽。”由此，不管你是刚站到人生成长的起点上，抑或是在努力创造全新生活的行程中，本书所提供的“创新思维点”一定能助你赢在出发点。因为即时分析的智慧俯拾皆是，可让你在职场上和家庭里“即时变现”。

一个企业的文化是什么？就是企业家的思想。一位企业家的价值在哪里？就是在创造物质财富的同时，更为社会创造精神财富之附加值。车建新正在这样做，他不但自身孜孜不倦，而且执着地要让他苦心经营的创新思维落地生根、发芽开花。

我相信，认真阅读过本书的朋友也应该相信，车建新式的创新思维必能成就三万个乃至更多更多的车建新。

2019年8月